GEOMATICS
全国注册测绘师资格考试专用辅导丛书

2025版

测绘综合能力
仿真试卷集

何宗宜　王树根　欧阳烨　编著
全国注册测绘师资格考试命题研究专家组　审定

WUHAN UNIVERSITY PRESS
武汉大学出版社

图书在版编目(CIP)数据

测绘综合能力仿真试卷集 ：2025 版 / 何宗宜,王树根,欧阳烨编著. 武汉 ：武汉大学出版社，2025.5. -- 全国注册测绘师资格考试专用辅导丛书. -- ISBN 978-7-307-25022-2

Ⅰ. P2-44

中国国家版本馆 CIP 数据核字第 2025MF1166 号

责任编辑：杨晓露　　责任校对：鄢春梅　　版式设计：韩闻锦

出版发行：**武汉大学出版社**　（430072　武昌　珞珈山）

（电子邮箱：cbs22@whu.edu.cn 网址：www.wdp.com.cn）

印刷：武汉中远印务有限公司

开本：880×1230　1/8　印张：14　字数：320 千字

版次：2025 年 5 月第 1 版　2025 年 5 月第 1 次印刷

ISBN 978-7-307-25022-2　定价：49.00 元

前　言

从 2011 年开始，注册测绘师资格考试已举行了十四次。为了提高测绘地理信息从业人员的资格考试应试水平，特编写了《测绘综合能力仿真试卷集(2025 版)》这本辅导书。

本书依据最新的《全国注册测绘师资格考试大纲》，以注册测绘师资格考试的十四年真题为模板，在出题角度和深度方面模拟真题，凝结命题思路和考点精华，精心挑选组织编写了 12 套“测绘综合能力”模拟试卷。每套试卷均由两部分组成：第一部分为单项选择题；第二部分为多项选择题。每套试卷均有参考答案及解析，对试题进行了详细解析，帮助考生掌握答题的思路、方法和技巧。

本书编著者有丰富的资格考试试题命题和考试辅导经验，对测绘综合能力的考试知识点进行透彻、全面的分析，“测绘综合能力”仿真试卷在题型、各个测绘地理信息工程领域的知识点分布、题目难易程度等方面进行了高度仿真。

本书应试的针对性强，在短时间内能提高应试能力，可以帮助考生节约大量的复习时间。

书中引用的许多参考资料在参考文献中未能一一列出，在此一并致谢。

由于作者水平有限，书中疏漏之处敬请读者批评指正。

编著者

2025 年 3 月

目　录

“测绘综合能力”科目考试复习纲要

一、考试目的

考察测绘专业技术人员运用测绘地理信息专业理论和现行标准规范，分析、判断和解决测绘地理信息工程项目设施过程中专业技术问题的能力。

二、本科目考试介绍

我国的注册测绘师考试始于2011年，在每年的9月举行。“测绘综合能力”是注册测绘师考试的必考科目。

1. 测绘综合能力考试基本要求

全面了解测绘地理信息项目建设要求，根据项目要求，进行技术设计；同时根据技术设计，优化作业组织，控制作业进度，确保安全生产、成果保密和质量控制措施等内容。考试涉及诸多测绘规范，如：《全球导航卫星系统(GNSS)测量规范》《国家一、二等水准测量规范》《工程测量标准》《城市测量规范》《海道测量规范》《地籍调查规程》《房产测量规范》《行政区域界线测绘规范》《航空摄影测量规范》《国家基本比例尺地图编绘规范》《国家基本比例尺地图图式》《地图印刷规范》等几十部需要重点学习的规范。

2. 测绘综合能力考试内容

考试主要内容概括为大地测量与海洋测绘、工程测量与权属测绘、摄影测量与遥感和航空摄影测量、地图制图和地理信息工程四大部分。

1)大地测量与海洋测绘

根据技术设计，选择点(站)址要求，建造合适的测量标志，选择检验合格的测量仪器设备进行外业观测，分析确定不同坐标系统之间的转换方法；实施海洋控制测量，并进行测区深度基准面的联测传递，确定海图的类型和投影方式，进行海图制图综合，并按照海图图式制作海图。

2)工程测量与权属测绘

根据工程不同阶段测量工作要求，设计并建立相应的工程控制网，选择适当的地形测绘方法，施测现状地形图，按照城市规划建设要求，实施城乡规划定线测量、规划监督测量和竣工

测量等，设计适当的监测方案，进行变形和形变监测，并对监测结果进行分析，选择适当的测量方案，进行矿山和隧道的贯通测量；区分不同的权属和分摊方式，进行房屋面积测算和共有共用面积的分摊，依据建筑设计资料，进行房产面积的预测算，进行房屋预售测绘成果和房屋权属登记测绘的成果备案；实施地籍平面控制测量，制作地籍调查基础图，进行地籍要素调查，测定界址点，制作地籍图和宗地图，进行面积量算，建立地籍簿册和数据库。

3)摄影测量与遥感和航空摄影测量

根据测区范围、地形条件和摄影测量要求，选择航摄季节和航摄时间，确定飞行平台和航摄比例尺，划定航摄分区，计算航摄参数；根据测区情况，选择、收集合适的影像数据源，并对其进行必要的预处理；根据影像资料，划分区域网，布设测定像片控制点。根据技术设计书，进行影像判读和外业调绘，利用影像、像片控制点及定位定向辅助资料，实施空中三角测量；进行数据采集、数据编辑、影像处理和数据建库，制作数字线划图、数字高程模型、数字正射影像图、三维建筑模型等数据成果。

4)地图制图和地理信息工程

根据项目需求，进行地图设计，确定地图内容、表示方法、地图投影方式和比例尺。根据制图区域实际情况，收集、分析和合理利用有关地图制图资料，按照地图编制的原则和要求，正确处理地图制图资料数据，对地图要素进行制图综合，正确处理各要素的相互关系，编制普通地图、专题地图和地图集。根据技术设计，采用适当的技术方法，进行基础和专题地理信息数据的采集、加工、处理及整合。对获取的地理信息数据进行入库前的检查和集成处理，建立地理空间数据库，进行数据的组织、入库以及数据库的优化调试、测试。制定地理空间数据库及其系统运行管理、维护更新措施，并实施相应的运行管理及维护更新工作。根据项目要求，进行地理信息系统总体设计、详细设计、功能设计和空间数据库设计；开展地理信息系统开发与功能实现。负责导航电子地图数据内容的采集及保密处理。研究网络地理信息服务内容和标准，处理在线地理信息数据的构成及保密要求。

三、测绘综合能力考试题型

(1)考试题共有两种类型：单项选择题和多项选择题。所有题目均为客观题。

(2)单项选择题共80题，每题1分。每题的4个备选答案中，只有1个符合题意。

(3)多项选择题共20题，每题2分。每题的5个备选答案中，有2个或2个以上符合题意，至少有1个是错项。错选，本题不得分；少选，所选的每个正确选项得0.5分。

四、测绘综合能力历年考题分析

1. 考试内容重点和分布比例

历年注册测绘师考试中，“测绘综合能力”考题的重点内容以大地测量、工程测量、摄影测

量与遥感、地图制图、地理信息工程等为主，分值比重高达75%以上。历年考题内容具体分布比例见表1。

表1　　历年注册测绘师"测绘综合能力"考试内容分布比例

工程领域	年度												
	2011	2012	2013	2014	2015	2016	2017	2018	2019	2020	2021	2022	2024
大地测量	20分	15分	16分	18分	18分	18分	18分	18分	18分	18分	19分	16分	18分
工程测量	24分	20分	16分	20分	20分	23分	24分	22分	23分	22分	21分	24分	22分
海洋测绘	10分	5分	8分	6分	6分	6分	6分	6分	6分	6分	5分	4分	4分
房产测绘	8分	13分	10分	8分	8分	7分	8分	8分	6分	6分	6分	6分	6分
地籍测绘	6分	7分	6分	4分	4分	3分	6分	4分	6分	6分	6分	5分	5分
界线测绘	6分	5分	4分	4分	4分	4分	4分	4分	4分	4分	4分	5分	5分
航空摄影 摄影测量与遥感	21分	26分	24分	24分	18分	24分	23分	28分	26分	20分	26分	24分	24分
地图制图	14分	10分	13分	12分	15分	10分	7分	8分	8分	14分	7分	15分	10分
地理信息工程	13分	15分	16分	16分	19分	17分	17分	16分	17分	17分	21分	16分	14分
导航电子地图制作	0分	2分	4分	3分	5分	5分	2分	2分	3分	2分	2分	2分	6分
网络地理信息服务	0分	2分	3分	5分	3分	3分	5分	4分	3分	5分	3分	3分	6分

2. 考题结构特点

纵观历年考试真题的情况，每年均有2道以上带有图形或表格的单选试题，图形试题主要分布在大地测量、工程测量、摄影测量与遥感、地理信息工程等基本概念或计算上。

五、复习要领和方法

(1)要根据考试大纲的要求，仔细通读基础理论教材，结合相关规范加以理解。除了背诵和记忆，更重要的是要把知识点理解透彻，达到举一反三的目的。

(2)合理分配复习时间，重点掌握分值比例高的章节，每年试题分布大同小异，主要分值都集中在大地测量、工程测量、摄影测量与遥感、地图制图、地理信息工程这五个章节，其他章节内容的试题分布每年略有小调整。因为考点都是基础知识点，对自己熟悉的测绘地理信息工程领域知识点要少花时间，对自己不熟悉的测绘地理信息工程领域知识点要多花时间。

(3)对所学知识要结合测绘工作实际，活学活用，理解其内涵，不要死记硬背，在历年考试真题的基础上，要多练习仿真试题，以便更好地对知识点进行理解，融会贯通。

(4)要结合基础理论教材和具体作业规范，掌握实践过程、生产细节以及技术环节流程，全面提高注册测绘师考试能力和应试水平。

"测绘综合能力"仿真试卷一

一、单项选择题(每题1分，每题的备选选项中，只有1项符合题意。)

1. 我国现行水准点采用的高程系统和起算高程分别是(　　)。

A. 正高系统、72.260m　　B. 垂高系统、72.289m

C. 大地高系统、72.289m　　D. 正常高系统、72.260m

2. 地面高度H处点的正常重力计算公式$\gamma=\gamma_0-0.3086H$中，H是指(　　)。

A. 大地高　　B. 正高

C. 力高　　D. 正常高

3. GNSS选站时应尽可能使测站附近的小环境与周围的大环境保持一致，目的是减少(　　)。

A. 多路径效应影响　　B. 气象元素代表性误差

C. 电离层误差　　D. 相对论效应影响

4. 地形图上的等高线，按作用分为首曲线、计曲线、间曲线、助曲线，等高线高程注记一般是注在(　　)上。

A. 首曲线　　B. 计曲线

C. 间曲线　　D. 助曲线

5. 现行规范规定，A级以下GNSS基线向量解算时，应加入(　　)改正。

A. 电离层延迟　　B. 对流层延迟

C. 多路径效应　　D. 卫星钟差

6. GNSS网平差的约束平差与联合平差的主要区别是(　　)。

A. 平差准则不同　　B. 观测值不同

C. 坐标系统不同　　D. 约束条件不同

7. GNSS网数据处理约束平差的主要目的是(　　)。

A. 调整各基线向量观测值的权　　B. 确定点在地心地固的相对位置关系

C. 剔除GNSS网中的粗差基线　　D. 确定点在指定坐标参照系中的坐标

8. 根据国家精密水准测量规范，二等水准测量测站限差规定检测间歇点高差之差不大于(　　)mm。

A. 1.0　　B. 2.0

C. 3.0　　D. 4.0

9. 进行重力仪静态试验，在经(　　)后，应绘制仪器静态零点漂移曲线，检查零漂性线度。

A. 固体潮改正　　B. 气压改正

C. 极移改正　　D. 光速有限

10. 国家似大地水准面精化中，所利用的数字高程模型的分辨率不应低于(　　)。

A. 5″×5″　　B. 10″×10″

C. 20″×20″　　D. 30″×30″

11. 坐标转换中，实现三维七参数转换至少需要(　　)个重合点。

A. 2　　B. 3

C. 4　　D. 5

12. 如下图所示，已知 A、B 两点的高程分别为 $H_A=10.325$m，$H_B=11.323$m，观测高差和线路长度为：$S_1=1$km，$S_2=2$km，$S_3=2$km，$h_1=-2.005$m，$h_2=1.497$m，$h_3=-0.500$m。则 CD 间高差平差值 h_{CD} 为(　　)m。

A. 1.497　　B. −1.497

C. 1.500　　D. −1.501

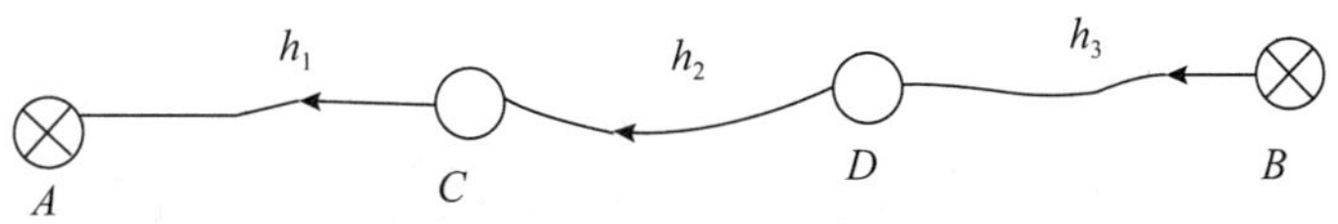

13. 明礁的高程通常从(　　)起算。

A. 理论深度基准面　　B. 平均大潮高潮面

C. 1985 国家高程基准　　D. 平均大潮低潮面

14. 现行《海道测量规范》规定，直接用于测图比例尺 1∶5 000 水深测量的最低平面控制点是(　　)。

A. 海控一级点　　B. 海控二级点

C. 国家四等点　　D. 测图点

15. 现行规范规定，进行比例尺为 1∶25 000 的海岸地形测量时，海岸线以上应向陆地测进的距离最小应大于(　　)m。

A. 25　　B. 50

C. 100　　D. 125

16. 现行《海道测量规范》规定，海岸地形测量的标准图幅尺寸为(　　)。

A. 50cm×50cm　　B. 50cm×70cm

C. 70cm×100cm　　D. 80cm×110cm

17.《工程测量标准》规定，对于大中型施工项目，在建立场区控制网时，应充分利用勘察阶段的已有平面和高程控制网。原有平面控制网的边长，应投影到(　　)上，并进行复测检查。

A. 抵偿高程面　　B. 参考椭球面

C. 测区主施工高程面　　D. 测区平均高程面

18. 工程施工放样控制网的精度应根据(　　)来确定。

A. 测图比例尺　　B. 建筑物放样精度

C. 测区控制范围　　D. 测区地形条件

19. 下列工作内容中，不属于编绘竣工总平面图的步骤的是(　　)。

A. 选择图幅大小　　B. 建立控制网

C. 确定比例尺　　D. 编绘竣工总图

20. 衡量地形图的平面精度通常采用的指标是图上(　　)。

A. 地物点相对于邻近图根点的点位中误差

B. 地物点相对于控制网起算点的点位中误差

C. 相邻地物点之间的相对点位中误差

D. 地物点相对于测站点的点位中误差

21. 按《工程测量标准》，三、四等导线视线与障碍物的距离应大于(　　)m，以减弱旁折光的影响。

A. 1.5　　B. 2.0

C. 3.0　　D. 4.0

22. 采用方向观测法观测水平角时，下列技术要求中说法不正确的是(　　)。

A. 观测方向不多于 3 个时，可不归零

B. 分组观测最后结果应按测回数进行测站平差

C. 各测回间应配置度盘

D. 当观测方向多于 6 个时，应进行分组观测

23. 利用全站仪在某测站进行水平角观测，当下半测回归零方向的 $2C$ 互差超限时，正确的处理方式是(　　)。

A. 重测下半测回　　B. 重测零方向

C. 重测该测回　　D. 重测该测站

24. 水准测量高差闭合差的分配原则是(　　)。

A. 反号按距离成正比分配　　B. 反号按距离成反比分配

C. 同号按距离成正比分配　　D. 同号按距离成反比分配

25. 某建筑物完工后与设计偏差的限差为 10mm，控制点所引起的点位中误差为 m_1，放样产生的中误差为 m_2，安装误差 $m_3=5$mm，若按"忽略不计原则"，当控制点误差不超过(　　)mm 时，即可认为对施工放样的影响可忽略不计。

A. 1.44　　B. 1.58

C. 2.88　　D. 3.16

26. 三角高程测量中，通常采取对向观测竖直角推求两点间高差，以减弱(　　)的影响。

A. 大气垂直折光误差　　B. 地球曲率误差

C. 边长误差　　D. 水平角误差

27. 下列质量元素中，不属于工程地形图质量成果检验的是(　　)。

A. 埋石质量　　B. 数据结构正确性

C. 整饰质量　　D. 附件质量

28. 下列方法中，不属于道路施工测量曲线测设的是(　　)。

A. 极坐标法　　B. 坐标法

C. 偏角法　　D. 三角测量法

29. GPS-RTK 测图，流动站作业的有效卫星数不宜少于 5 个，PDOP 值应小于(　　)，并应采用固定解成果。

A. 3　　B. 4

C. 5　　D. 6

30. 绘制房地产不动产权证附图的基本图是(　　)。

A. 分幅图　　B. 分丘图

C. 分户图　　D. 宗地图

31. 下列建筑部位中，应按水平投影计算一半建筑面积的是(　　)。

A. 无顶盖的室外楼梯　　B. 有围护结构的门廊

C. 高 3.2m 的地下室　　D. 用作道路街巷通行的骑楼底层

32. 某房屋为甲、乙、丙、丁四户共有，房屋轮廓线内符号标注正确的是(　　)。

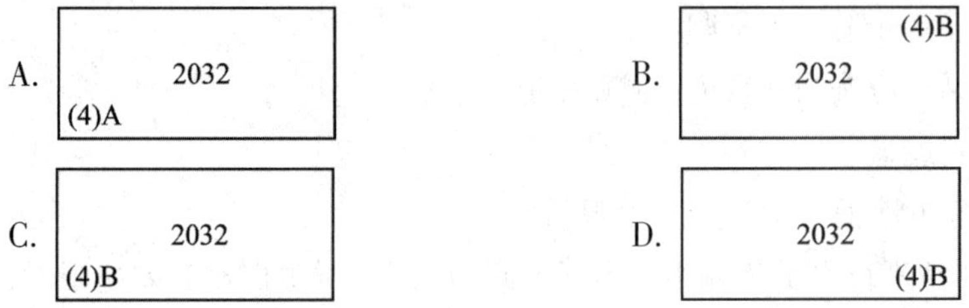

33. 下列房地产要素和房产编号中，当注记过密容纳不下时，最优先考虑省略的是(　　)。

A. 房屋层数　　B. 房屋用途

C. 房屋产别　　D. 房屋结构

34. 全国土地调查中，土地利用现状调查以(　　)为单位。

A. 图斑　　B. 宗地

C. 地块　　D. 街区

35. 全国土地调查中，要素采集界线与调查界线的移位最大为图上(　　)mm。

A. 0.2　　B. 0.3

C. 0.4　　D. 0.5

36. 全国土地利用现状调查中，对于有更高管理需要的地区，建设用地最小图斑面积可定为(　　)m^2。

A. 100　　B. 150

C. 200　　D. 400

37. 全国土地调查的成果执行“二级检查，一级验收”制度，其中内业抽检城镇土地调查成果比例最大为(　　)。

A. 10%　　B. 20%

C. 30%　　D. 50%

38. 全国第三次土地调查核查的重点地类是(　　)。

A. 建设用地图斑　　B. 园地图斑

C. 林地图斑　　D. 草地图斑

39. 界桩位置测定中，采用的高等级 GPS 控制点坐标的相对精度水平方向应优于(　　)cm。

A. 5　　B. 10

C. 15　　D. 20

40. 界桩位置略图中，方位物方向线一般采用(　　)绘出。

A. 0.1mm 虚线　　B. 0.2mm 实线

C. 0.1mm 实线　　D. 0.2mm 虚线

41. 测绘航空摄影时，为消除空中蒙雾亮度的影响，应选择添加(　　)。

A. 航摄滤光片　　B. 影像位移补偿装置

C. 减震器　　D. 航摄仪自动曝光系统

42. DMC 数字航摄仪一次摄影可以获得(　　)个全色波段的影像。

A. 2　　B. 4

C. 6　　D. 8

43. ADS 系列数字航摄仪全色波段采用了三行 CCD 线阵同时对前视、下视和后视三个方向进行推扫，其中最适合制作正射影像的是(　　)影像。

A. 垂直下视　　B. 前视

C. 后视　　D. 前视+后视

44. 下列要求中，不符合航空摄影规范关于航摄分区划分原则的是(　　)。

A. 分区界线应与图廓线一致

B. 分区内地貌类型应尽量一致

C. 根据摄影比例尺确定分区最小跨度

D. 应充分考虑航摄飞机飞行的安全高度

45. 航空摄影时，应严格按照规范规定的(　　)要求选择航摄时间。

A. 太阳高度角　　B. 地形类别

C. 地表植被覆盖　　D. 气象条件

46. DMC(框幅式)数字航摄仪所有镜头向中间略微倾斜的目的是(　　)。

A. 确保成像有重叠　　B. 利于形成三维图像

C. 获取外方位元素　　D. 方便传输数据

47. 对于 23cm×23cm 的立体像片对，如航向重叠度为 80%，则该像对的像片基线长度为(　　)cm。

A. 4.6　　B. 7.2

C. 9.0　　D. 12.0

48. 航空摄影时，对于立体测图，应选择像场角至少大于(　　)的航摄机。

A. 45°　　B. 55°

C. 65°　　D. 75°

49. POS 的核心思想是采用动态差分 GNSS 技术和(　　)技术直接获得高精度的感测器的六个外方位元素。

A. LiDAR　　B. InSAR

C. SAR　　D. IMU

50. 航摄仪物镜后节点至像片平面的垂直距离称为(　　)。

A. 焦距　　B. 摄影机主距

C. 航高　　D. 框标距

51. 在平坦地区进行航空摄影，太阳高度角应大于(　　)。

A. 20°　　B. 30°

C. 40°　　D. 45°

52. 由航空影像组成的立体像对，完成相对定向后，则(　　)。

A. 消除了模型上同名像点的左右视差

B. 消除了模型上同名像点的上下视差

C. 消除了像点由于地表起伏引起的像差

D. 求出了影像的外方位元素

53. 影像匹配实质上是在两幅(或多幅)影像之间识别(　　)。

A. 像主点　　B. 特征点

C. 同名点　　D. 差异点

54.《1∶500 1∶1 000 1∶2 000地形图数字航空摄影测量测图规范》规定，立体测图时，基础控制点宜按照(　　)。

A. 像控制点成果取整输入　　B. 控制像片点位置输入

C. 调绘像片点位置输入　　D. 坐标准确导入

55. 按现行《三维地理信息模型数据产品规范》，地形模型是用于表示地面起伏形态的(　　)。

A. 数字高程模型　　B. 几何模型

C. 三维模型　　D. 场地模型

56. 地理国情监测中，采用的基本最小图斑为(　　)个像素。

A. 5×5　　B. 10×10

C. 20×20　　D. 30×30

57. 我国分省(区)政区地图一般采用的投影是(　　)。

A. 圆锥投影　　B. 圆柱投影

C. 方位投影　　D. 高斯投影

58. 在中学用的中国地形地势图上，用褐色表示青藏高原，用绿色表示东部平原等，这种地形的表示方法属于(　　)。

A. 等高线法　　B. 分层设色法

C. 晕渲法　　D. 分级统计图法

59. 下列地物中，其符号属于几何中心作为定位点的是(　　)。

A. 油库　　B. 蒙古包

C. 水塔　　D. 泉

60. 我国基本比例尺地形图上往往借助水部的颜色来表示湖水的性质，一般用(　　)表示淡水湖。

A. 灰色　　B. 青色

C. 紫色　　D. 蓝色

61. 下列专题地图表示方法中，最适用于表示地形起伏、气温、降水、地表径流等布满整个制图区域的均匀渐变的自然现象的是(　　)。

A. 运动线法　　B. 定位图表法

C. 等值线法　　D. 质底法

62. 地图印刷后，对原纸张进行裁切，光边尺寸不超过(　　)mm。

A. 3　　B. 4

C. 5　　D. 6

63. 用圈形符号表示居民地，当居民地由街区和外围的独立房屋组成时，圈形符号应配置在(　　)。

A. 独立房屋分布稀疏的地方　　B. 独立房屋较集中的部位

C. 街区图形上　　D. 注记所指的主体位置

64. 在地图设计中，如果地貌类型图需要配一幅比例尺较小的地势图，通常采用(　　)形式表达。

A. 移图　　B. 附图

C. 副图　　D. 插图

65. 在地理信息系统中，空间点属于(　　)特征对象。

A. 零维　　B. 一维

C. 二维　　D. 三维

66. 空间图形的不同类元素之间的拓扑关系称为(　　)。

A. 拓扑邻接　　B. 拓扑关联

C. 拓扑包含　　D. 拓扑相交

67. 确定栅格数据单元属性的方法中常用于具有连续分布特征的地理要素，如降水分布、人口密度等问题首要选用的赋值方法是(　　)。

A. 中心归属法　　B. 长度占优法

C. 面积占优法　　D. 重要性法

68. 下列工作内容中，不属于数据库设计需求分析工作的是(　　)。

A. 调查用户需求　　B. 需求数据的收集和分析
C. 数据库模式的设计　　D. 编制用户需求说明书

69. 下列空间数据分析方法中，属于矢量数据分析方法的是(　　)。
A. 坡向分析　　B. 坡度分析
C. 网络分析　　D. 地形剖面分析

70. 下列数据格式中，不属于矢量数据格式的是(　　)。
A. ＊. kml　　B. ＊. GeoJSON
C. ＊. shp　　D. ＊. tiff

71. 南海实弹演习解决禁止飞行区域面积的计算问题，可应用的空间分析方法是(　　)。
A. 缓冲区分析　　B. 包含分析
C. 网络分析　　D. 最短路径分析

72. E-R 模型可以形象地用图形表示，一般用(　　)表示实体类型。
A. 矩形　　B. 菱形
C. 椭圆　　D. 三角形

73. 元数据是指描述空间数据的数据，其作用不包括(　　)。
A. 促进数据集的高效利用　　B. 维护和管理数据
C. 检索和访问数据库　　D. 帮助用户查询数据生产单位的有关信息

74. 下列操作中，属于空间数据拓扑编辑的是(　　)。
A. 删除节点　　B. 合并多边形
C. 线条的简化　　D. 构建要素间拓扑关系

75. 下列措施中，属于 GIS 安全管理中数据安全管理要求的是(　　)。
A. 数据备份容灾　　B. 用户授权
C. 防火墙　　D. 防病毒

76. 导航电子地图数据库中的核心内容是(　　)。
A. 道路要素和属性　　B. 境界
C. 背景数据　　D. 语音文件

77. 车载导航电子地图产品按地图显示级别显示背景信息详细程度，(　　)就可以显示绿地要素。
A. 0 级　　B. 一级
C. 二级　　D. 三级

78. 按道路功能等级与现行道路分类标准的对应关系，导航电子地图产品中，五级功能道路采用(　　)显示。
A. 紫色　　B. 红色
C. 绿色　　D. 棕色

79. 网络地理信息服务标准分为数据规范和服务规范，WCS 表示的是(　　)。
A. 网络地图服务规范　　B. 网络要素服务规范

C. 网络覆盖服务规范　　D. 网络处理服务规范

80. 下列数据中，不属于公众版地理框架数据的是(　　)。
A. 地名地址数据　　B. 行政界线数据
C. 三维景观数据　　D. 地下管线数据

二、多项选择题(每题 2 分。每题的备选选项中，有 2 个或 2 个以上符合题意，至少有 1 个是错项。错选，本题不得分；少选，所选的每个选项得 0.5 分。)

81. 采用差分 GNSS 定位，可以完全消除的误差有(　　)。
A. 卫星钟误差　　B. 星历误差
C. 电离层误差　　D. 对流层误差
E. 多路径效应

82. 对于三、四等水准测量，所用高差要进行改正数计算的有(　　)。
A. 正常水准面不平行改正　　B. 水准标尺温度改正
C. 重力异常改正　　D. 水准标尺长度改正
E. 路线闭合差改正

83. 水平角的观测方法一般有(　　)。
A. 方向观测法　　B. 往返观测法
C. 分组方向观测法　　D. 全组合测角法
E. 对向观测法

84. 下列海图要素综合原则中，说法正确的是(　　)。
A. 海岸线扩大陆地，缩小海域
B. 等深线扩浅缩深，取浅舍深
C. 干出滩孤立滩舍弃、成群滩合并
D. 底质取硬舍软、取异舍同
E. 航线障碍物优选危险性等级高的

85. 线路横断面图可以作为(　　)的依据。
A. 道路路基设计　　B. 道路坡度设计
C. 确定路基填挖边界　　D. 土石方计算
E. 设计隧道洞口位置

86. 电磁波测距仪系统误差改正有(　　)。
A. 加常数改正　　B. 乘常数改正
C. 周期误差改正　　D. 大气折射改正
E. 距离归化改正

87. 三角高程测量中，影响三角高程的精度因素有(　　)。
A. 测距误差　　B. 天顶距观测误差

C. 水平角观测误差　　D. 旁折光系数 K 误差

E. 仪器高、觇标高量取误差

88. 下列措施中，可以提高三角高程测量精度的是(　　)。

A. 适当提高视线高度

B. 同时对向观测垂直角

C. 选择无风的阴天或夜晚进行观测

D. 在白天和夜晚按各测回分配进行

E. 延长对向观测时间

89. 分幅图上应绘制房屋附属设施，下列房屋建筑部位表示方法正确的是(　　)。

A. 层阳台以底板投影为准　　B. 独立柱门廊以柱外围为准

C. 门顶以顶盖投影为准　　D. 柱廊以顶盖投影为准

E. 室外楼梯以水平投影为准

90. 全国土地调查中，下列用地可认定为设施农用地类别的是(　　)。

A. 晾晒场　　B. 农家乐

C. 日光温室　　D. 育种育苗场所

E. 生态园景点用地

91. 下列界址线类型中，可作为地类图斑划分依据的是(　　)。

A. 县级行政区界线　　B. 城镇村庄调查界线

C. 土地权属界线　　D. 基本农田图斑界线

E. 乡级行政区界线

92. 界桩位置略图中，应采用红色标绘的界线信息要素有(　　)。

A. 界桩符号　　B. 界线符号

C. 边界线编号　　D. 界桩编号

E. 界桩方位物

93. 量测型航空摄影机框标的主要作用有(　　)。

A. 建立像片坐标系　　B. 进行相机检校

C. 内定向　　D. 相对定向

E. 绝对定向

94. 下列检定内容中，属于数字航摄仪检定项目的有(　　)。

A. 检定主距　　B. 自准直主点坐标

C. 框标坐标　　D. 径向畸变差

E. CCD 面阵坏点

95. 数字线划图相邻图幅之间接边技术要求中，正确的做法是(　　)。

A. 同一要素几何图形应在图廓线内无缝接边

B. 同一要素接边后应保持合理的几何形状

C. 同一要素图形接边后应保持属性的正确性

D. 同一测区内，由本幅图与西、北图幅接边

E. 成图时间不同的图幅接边，在图历簿中说明修改的旧数据

96. 下列因素中，属于地图注记的设计包括的内容有(　　)。

A. 字色　　B. 字体

C. 字号　　D. 平衡

E. 对称

97. 进行等高线图形概括时，常用的方法有(　　)。

A. 删除　　B. 移位

C. 夸大　　D. 合并

E. 分割

98. 描述地理实体的空间数据具有的基本特征有(　　)。

A. 空间特征　　B. 对象特征

C. 关系特征　　D. 属性特征

E. 时间特征

99. 下列地理信息开发过程中，属于系统实施阶段的有(　　)。

A. 需求调查分析　　B. 工程实施方案

C. 数据整理与分析　　D. 数据测试

E. 可行性研究

100. 车载导航电子地图数据采集处理时，下列道路附属设施中，可以表示为线要素的是(　　)。

A. 交通灯　　B. 路面标记

C. 安全设备　　D. 人行横道

E. 邮筒

“测绘综合能力”仿真试卷二

一、单项选择题(每题1分，每题的备选选项中，只有1项符合题意。)

1. 同一水准面上的两点 A、B，它们的(　　)是相等的。
   A. 重力加速度　　B. 高程
   C. 重力异常　　D. 重力位能

2. 下列常数中，1980 西安坐标系与 2000 国家大地坐标系基本常数中相同的是(　　)。
   A. 长半轴 a
   B. J_2(地球重力场二阶带球谐系数)
   C. GM(引力常数与地球质量的乘积)
   D. 地球自转角速度 ω

3. 一、二等导线距离测量技术要求，每时间段观测的测回数最多为(　　)。
   A. 5　　B. 10
   C. 15　　D. 20

4. 按现行《全球导航卫星系统(GNSS)测量规范》，接收机开始记录数据后，一时段观测过程中可以进行的操作是(　　)。
   A. 改变数据采样间隔　　B. 按动关闭文件和删除文件功能键
   C. 改变天线位置　　D. 使用专用功能键查看相位测量残差

5. 对于新出厂和经过修理的重力仪必须进行比例因子的标定，用于作业的重力仪应(　　)进行比例因子的标定。
   A. 每 15 天　　B. 每一个月
   C. 每一年　　D. 每两年

6. 一、二等水准观测，应根据路线土质选用尺桩，所选尺桩长度至少为(　　)m。
   A. 0.2　　B. 0.4
   C. 0.6　　D. 0.8

7. 数字测图图根控制点的密度，一般以满足测图需要为原则，1 : 1 000 比例尺地形图一平方千米图根控制点个数至少为(　　)个。
   A. 4　　B. 16
   C. 32　　D. 64

8. 相对重力联测中要求每次读数时必须向同一方向旋转读数轮，其主要目的是减少(　　)。
   A. 归零差　　B. 隙动差
   C. 弹性带动误差　　D. 测微器分划误差

9. 按照测绘管理工作国家秘密目录，精度优于±3″的垂线偏差成果的密级是(　　)。
   A. 绝密　　B. 秘密
   C. 机密　　D. 内部使用

10. 下列测量中，需要收集测点地区观测期间的地震地下水位变动的是(　　)。
   A. 角度测量　　B. 长距离边长观测
   C. GNSS 测量　　D. 绝对重力测量

11. 三角高程测量中，不能减弱大气垂直折光影响的措施是(　　)。
   A. 对向观测　　B. 提高视线高度
   C. 中午附近观测　　D. 长边传算高程

12. 如下图所示，分别从已知水准点 A、B(高程为真值)向 P 点进行水准测量，设每站观测高差的中误差为±5mm，则 P 点的高程最或然值是(　　)m。

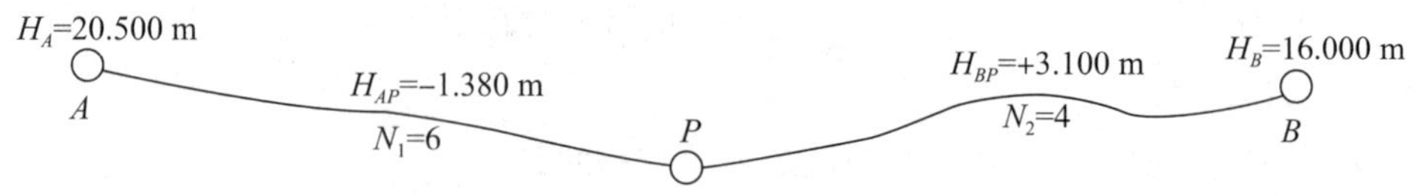

   A. 19.092　　B. 19.120
   C. 19.110　　D. 19.108

13. 验潮的目的是确定各验潮站的多年平均海面、深度基准面、各分潮的调和常数以及需要获得测深时的(　　)。
   A. 水位改正数　　B. 声速改正数
   C. 姿态改正数　　D. 吃水改正数

14. 海底扫测时，定位要求误差椭圆的长轴应与测线方向(　　)。
   A. 平行　　B. 垂直
   C. 成 45°角　　D. 成 30°角

15. 1 : 50 万比例尺海底地形图采用(　　)。
   A. 高斯投影　　B. 墨卡托投影
   C. 兰勃特等角圆锥投影　　D. 日晷投影

16. 编绘海底地形图，当基本等高距不能完善地显示沿岸平坦地区的山头、高地时，可加绘(　　)。
   A. 间曲线　　B. 计曲线
   C. 助曲线　　D. 示坡线

17. 工程控制网的布设原则不包括(　　)
   A. 分级布网，逐级控制　　B. 要有足够的精度和可靠性
   C. 要有足够的点位密度　　D. 要有统一的规格

18. 测图平面控制网布设精度要求其控制点的最弱点的点位中误差不得大于实地(　　)cm。

A. 1　　B. 3

C. 5　　D. 7

19. 模拟法控制网优化设计方法是根据经验和准则，通过计算、比较和修改得到的优化方案，该方法一般不适用的是(　　)。

A. 基准设计　　B. 网形设计

C. 权设计　　D. 改进设计

20. 变形监测网观测要求各期观测方案保持一致的目的是(　　)。

A. 提高观测精度

B. 便于进行周期观测数据的平差处理

C. 消除周期观测中存在的系统误差

D. 便于发现周期间的变形观测值的变化

21. 日照测量中要测定建筑物向阳面的阳台位置和高度，其目的是(　　)。

A. 绘制专题图　　B. 确定日照计算基准面

C. 计算建筑物高度　　D. 计算建筑物的层高

22. 对于日照分析中的落地门窗、组合门窗、阳台封窗的阳台高度，应该按室内地坪(　　)m 的高度计算。

A. 0. 9　　B. 1. 2

C. 1. 5　　D. 1. 8

23. 目前水下地形图测绘中，定位的主要方法是(　　)。

A. 无线电定位　　B. 全站仪定位

C. GNSS 定位　　D. 水下声学定位

24. 现阶段 GNSS 测量是进行隧道平面控制的主要方法，但在选择 GNSS 点位时，所选点位间的高差不能太大的原因是顾及(　　)的影响。

A. 投影差　　B. 垂线偏差

C. 标高差　　D. 截面差

25. 下列内容中，城市规划验收建筑物高度测量时不需要的是(　　)。

A. 建筑物高度　　B. 建筑物层高

C. 建筑物层数　　D. 建筑物室内、外地坪测量

26. 在满足工程精度的前提下，隧道贯通测量工程控制网应优先采用(　　)。

A. 国家统一的 3°带高斯平面直角坐标系

B. 抵偿投影面的 3°带高斯平面直角坐标系

C. 1985 国家高程基准面平面直角坐标系

D. 测区平均高程面的平面直角坐标系

27. 下列放样方法中，适用于测设点离控制点较远或量距较困难的场合的是(　　)。

A. 直角坐标法　　B. 极坐标法

C. 角度交会法　　D. 距离交会法

28. 工程地形图上，地物点相对于临近图根点的点位中误差要求水域地区不应超过图上(　　)mm。

A. ±0. 5　　B. ±1. 0

C. ±1. 5　　D. ±2. 0

29. 布设测图控制网时控制点位置的选择主要考虑的因素是(　　)。

A. 测图比例尺　　B. 控制面积范围

C. 测区的地形条件　　D. 委托方的要求

30. 现行《房产测量规范》规定，新建商品房面积测算限差计算公式为(　　)。

A. $0.02\sqrt{S}+0.001S$　　B. $0.02\sqrt{S}+0.002S$

C. $0.04\sqrt{S}+0.002S$　　D. $0.04\sqrt{S}+0.004S$

31. 房屋附属设施测量中，独立柱的门廊测量应以(　　)为准。

A. 柱外围　　B. 顶盖投影

C. 外轮廓投影　　D. 柱中心

32. 房产面积计算中，按现行《房产测量规范》，玻璃幕墙等作为房屋外墙的，房屋建筑面积应(　　)计算。

A. 按玻璃幕墙外围水平投影　　B. 玻璃幕墙内的梁柱内全算

C. 玻璃幕墙与柱子之间半算　　D. 按玻璃幕墙内围水平投影

33. 房产面积计算中，下列情况中，需要按房屋自然层计算建筑面积的是(　　)。

A. 垃圾道　　B. 有顶盖不封闭的永久性的架空通廊

C. 简易房屋　　D. 房屋的天面上的矩形泳池

34. 地籍测绘成果中，某界址点相对于邻近图根控制点的允许误差为±15cm，则该界址点为(　　)类界址点。

A. 一　　B. 二

C. 三　　D. 四

35. 下列内容中，地籍权属调查不包含的是(　　)。

A. 填写地籍调查表　　B. 签订土地权属界线协议书

C. 绘制宗地图　　D. 调查土地权属界址

36. 地籍控制测量中，四等网最弱点相对于起算点的点位中误差最大为(　　)cm。

A. 2. 0　　B. 3. 0

C. 4. 0　　D. 5. 0

37. 变更权属调查过程中，某地块区域内有 2 宗地，宗地号分别为 35、36，由于界址发生变化，则续编后的宗地号是(　　)。

A. 35　　B. 36

C. 37　　D. 35-1

38. 已知某省级界线的某界桩编号为“3436-107-Q”，则可知其为(　　)。

A. 单立界桩　　B. 同号双立界桩

C. 同号三立界桩　　D. 三省交界界桩

39. 根据《行政区域界线测绘规范》，采用 GNSS 静态相对定位技术测定界桩点位置时，观测基线最大间距为(　　)km。

A. 40　　B. 60

C. 80　　D. 100

40. 下列内容中，不属于航空摄影作业中飞机上的导航系统控制的是(　　)。

A. 控制航线方向　　B. 控制航线间距

C. 控制像片曝光时间　　D. 控制航高差

41. 航空摄影测量中，像片上标准点位区落水时，应沿(　　)均匀选择连接点。

A. 地性线　　B. 水涯线

C. 落水范围　　D. 高潮位置线

42. 机载 IMU/GNSS 辅助航空摄影测量过程中，GNSS 接收机天线在飞机平飞状态时应处于(　　)位置。

A. 水平　　B. 垂直

C. 与飞机成 45°　　D. 与飞机成 30°

43. 机载 IMU/GNSS 辅助航摄飞行期间基站和机载 GNSS 接收机数据采样间隔最大为(　　)。

A. 1s　　B. 2s

C. 0.5s　　D. 5s

44. 专题遥感数据制作流程主要包括收集遥感影像资料、制作(　　)、制作遥感调查工作底图、调查与采样、影像解译和制作专题遥感数据成果等环节。

A. DEM　　B. DOM

C. DSM　　D. DTM

45. 制作遥感影像平面图时，使用纠正公式对影像逐像元进行纠正，纠正误差最大不得超过图上(　　)mm。

A. 0.2　　B. 0.3

C. 0.4　　D. 0.5

46. 下列数据中，不属于制作三维模型后归档资料数据的是(　　)。

A. 模型几何源数据　　B. 模型纹理源数据

C. 模型平台成果数据　　D. 模型属性信息数据

47. 规范规定，城市三维建模的模型命名通常是由(　　)部分组成。

A. 行政区域编码+建模单元顺序号+管理单元顺序号

B. 行政区域编码+管理单元顺序号+建模单元顺序号

C. 建模单元编码+模型类型+模型细节层次+模型顺序号

D. 建模单元编码+模型类型+模型纹理层次+模型顺序号

48. 在航空摄影过程中，相邻像片的(　　)连线与像幅沿航线方向两框标连线的夹角称为像片旋偏角。

A. 主点　　B. 同名点

C. 中心点　　D. 底点

49. 下列因素中，选择摄影时间时，综合考虑应使其对摄影和成图的影响最小的因素是(　　)。

A. 大气透明度　　B. 地表植物及其覆盖物

C. 光照强度　　D. 区域和季节

50. 某地区根据基础测绘要求，计划采用航空摄影测量法生产 1 : 1 000 地形图，最优选择的航摄比例尺是(　　)。

A. 1 : 2 000　　B. 1 : 5 000

C. 1 : 1 万　　D. 1 : 2 万

51. 下列遥感传感器中，如没有经过特殊处理，不能直接看到实际地面影像的是(　　)。

A. 真实孔径雷达　　B. 合成孔径雷达

C. 倾斜摄影器　　D. SPOT-4

52. DMC 数字航摄仪的镜头组合包括(　　)。

A. 4 个全色镜头+2 个多光谱镜头

B. 4 个全色镜头+4 个多光谱镜头

C. 2 个全色镜头+4 个多光谱镜头

D. 2 个全色镜头+2 个多光谱镜头

53. 航摄影像质量要求：因飞机地速的影响，在曝光瞬间造成的像点位移最大不应超过(　　)个像素。

A. 1.0　　B. 1.5

C. 2.0　　D. 2.5

54. 一般地图通常是采用(　　)方向定向。

A. 真北　　B. 磁北

C. 斜方位　　D. 坐标北

55. QuickBird 影像可用于制作(　　)比例尺图。

A. 1 : 500　　B. 1 : 1 000

C. 1 : 2 000　　D. 1 : 5 000

56. 下列专题图表示方法中，适用于表示人口密度的是(　　)。

A. 分级统计图法　　B. 运动线法

C. 定位图表法　　D. 范围法

57. 方位投影中的等变形线是(　　)。

A. 曲线　　B. 直线

C. 同心圆　　D. 同心圆弧

58. 地图符号感受效果中，产生数量感的最有效的变量是(　　)。

A. 形状　　B. 密度

C. 尺寸　　D. 色彩

59. 在专题地图上通常用(　　)箭头来表示暖流。

A. 红色　　B. 蓝色

C. 绿色　　D. 紫色

60. 制图综合中，1∶2.5 万地形图上，河宽大于(　　)m 以上应采用双线表示。

A. 2.5　　B. 5

C. 10　　D. 15

61. 下列投影类型中，纬线为同心圆，经线为辐射直线的投影是(　　)。

A. 正轴方位投影　　B. 正轴圆锥投影

C. 正轴圆柱投影　　D. 高斯-克吕格投影

62. 等高线高程注记，通常选注在(　　)平滑处，用棕色数字注出，字头方向朝向山顶。

A. 首曲线　　B. 计曲线

C. 助曲线　　D. 间曲线

63. 地图集的投影设计根本宗旨在于(　　)。

A. 保持制图区域内的变形为最小

B. 地图集的用途和方便使用

C. 地图集的用途与性质

D. 反映地理环境各要素之间的相互联系

64. 居民地内有街道通过时，当街道两侧有街区，应(　　)。

A. 以街区边线代替街道线　　B. 以街道线代替街区边线

C. 只表示街道线　　D. 同时表示街道线和街区边线

65. 下列地图中，属于社会经济地图的是(　　)。

A. 水文图　　B. 气候图

C. 农业图　　D. 地质图

66. 下列内容中，属于地图数据印前处理的内容的是(　　)。

A. 地图符号化　　B. 注记配置

C. 数据格式转换　　D. 地图要素制图综合

67. 下列检查项中，不属于地图成果质量检查内容的是(　　)。

A. 归档内容完整性　　B. 数据文件病毒检验

C. 文件的有效性　　D. 数据成果安全性

68. 下列设计内容中，不属于地图集设计内容的是(　　)。

A. 内容编排设计　　B. 图面配置设计

C. 组版设计　　D. 比例尺设计

69. 南极洲地图一般采用的投影方式为(　　)。

A. UTM 投影　　B. 等角方位投影

C. 等角圆锥投影　　D. 等角圆柱投影

70. 下列因素中，不影响地图数学基础设计的是(　　)。

A. 专题地图的用途　　B. 制图区域的形状

C. 制图区域的地理特征　　D. 制图区域的地理位置

71. 下列有关数据库的描述中正确的是(　　)。

A. 数据库是一组文件　　B. 数据库是一个数据集合

C. 数据库是一个关系　　D. 数据库是一个文件

72. 数据库逻辑结构设计的主要任务是(　　)。

A. 建立抽象高级数据模型如 E-R 模型

B. 将概念模型转换为 DBMS 可处理的数据库

C. 数据库逻辑结构在存储器上实现

D. 数据库概念模型结构在存储器上实现

73. 验证被测软件是否满足需求规格说明书列出的需求，通常采用(　　)的方法进行确认。

A. 白盒测试　　B. 黑盒测试

C. ACAL 测试　　D. Beta 测试

74. 下列需求调查内容中，不属于地理信息系统设计应考虑的因素是(　　)。

A. 人员需求　　B. 管理需求

C. 设备需求　　D. 安全需求

75. 下列设计中，不属于地理信息系统数据库设计的内容的是(　　)。

A. 数据代码　　B. 数据分层方案

C. 空间数据模型选择　　D. 数据网络结构

76. 在分析森林中瞭望塔的最佳位置的应用中，常采用的 GIS 技术是(　　)。

A. 缓冲区分析　　B. 网络分析

C. 叠置分析　　D. 通视分析

77. 下列关于属性数据库的结构内容，说法错误的是(　　)。

A. 表：一种按行列排列的逻辑组

B. 字段：表中一列称为一个字段，字段可以包括各种字符、数字，甚至图形

C. 记录：数据库中任意两个记录都不能相同

D. 键：索引，必须是唯一

78. 确定栅格数据单元属性的方法中常用于分类较细、地物类别斑块较小的情况的赋值方法是(　　)。

A. 中心归属法　　B. 长度占优法

C. 面积占优法　　D. 重要性法

79. 导航电子地图数据库(　　)构建要素的存储结构，并设置与其他要素之间的逻辑关系，

保证导航的实现。

A. 要素定义　　B. 功能设计

C. 模型设计　　D. 采集制作标准

80. 用于地理信息公共服务平台的电子地图数据中，第(　　)级数据使用的数据源比例尺可以是 1：5 000。

A. 11　　B. 14

C. 17　　D. 20

二、多项选择题(每题 2 分。每题的备选选项中，有 2 个或 2 个以上符合题意，至少有 1 个是错项。错选，本题不得分；少选，所选的每个选项得 0.5 分。)

81. 普通测量工作中，需要把地面观测方向值化算到椭球面上，应加入(　　)改正。

A. 切曲差　　B. 标高差

C. 地球曲率　　D. 垂线偏差

E. 截面差

82. 绝对重力测量过程中，解算出落体下落初始位置高度处的观测重力值后应进行(　　)，以获得 1.3m 和墩面的观测重力值。

A. 固体潮改正　　B. 气压改正

C. 极移改正　　D. 零漂改正

E. 高度改正

83. GNSS 测量数据质量检查的内容包括(　　)。

A. 观测卫星总数　　B. 数据剔除率

C. 多路径效应　　D. 接收机时钟的日频稳定性

E. 基线处理精度

84. 下列要素中，与海洋水文要素海水密度有关的是(　　)。

A. 温度　　B. 盐度

C. 深度　　D. 纬度

E. 压力

85. 规范规定，海岸地形测量的图幅尺寸可以是(　　)。

A. 40cm×40cm　　B. 50cm×50cm

C. 50cm×70cm　　D. 70cm×100cm

E. 80cm×110cm

86. 工程控制网设计中，需要进行优化设计的是(　　)。

A. 测图控制网　　B. 施工控制网

C. 安装控制网　　D. 变形监测网

E. 精密工程控制网

87. 变形监测控制网优化设计时费用准则着重考虑的过程是(　　)。

A. 选点　　B. 造标埋石

C. 观测　　D. 平差计算

E. 成果质量检查

88. 地形图成果质量元素"数学精度"检查的主要内容是(　　)。

A. 数学基础　　B. 观测质量

C. 计算质量　　D. 平面精度

E. 高程精度

89. 地下工程施工测量过程中，高程测量可以采用的方法有(　　)。

A. 水准测量　　B. 激光三维扫描

C. GPS 水准　　D. 三角高程测量

E. 导线测量

90. 房屋附属设施测量中，以顶盖投影为准的设施是(　　)。

A. 柱廊　　B. 独立柱的门廊

C. 门顶　　D. 架空通廊

E. 阳台

91. 下列要素中，属于地籍图应表示的数学要素有(　　)。

A. 地籍号　　B. 地籍图比例尺

C. 控制点点位　　D. 地类号

E. 坐标注记

92. 应用数字摄影测量系统制作的数字高程模型和数字线划图的数据检查工作内容一致的是(　　)。

A. 空间参考系　　B. 位置精度

C. 逻辑一致性　　D. 表征质量

E. 附件质量

93. 制作 1：5 万数字高程模型(DEM)主要采用的方法有(　　)。

A. 航空摄影测量法　　B. 利用空间传感器方法

C. 地形图扫描矢量法　　D. 数字线划图缩编法

E. 三维激光扫描法

94. 在视觉变量中，能引起等级感的有(　　)。

A. 尺寸　　B. 色彩

C. 亮度　　D. 密度

E. 方向

95. 地图内容的数学精度，通常是由(　　)确定的。

A. 地图投影　　B. 比例尺大小

C. 制图区域位置　　D. 地图用途

E. 制图区域形状

96. 下列投影类型中，属于圆柱投影的是(　　)。

A. 高斯-克吕格投影　　B. 墨卡托投影

C. 彭纳投影　　D. 兰勃特投影

E. UTM 投影

97. 下列植被要素中，采用整列式依比例符号表示的是(　　)。

A. 稻田　　B. 苗圃

C. 果园　　D. 竹林

E. 灌木林

98. 下列 GIS 需求规格说明项中，属于性能需求的是(　　)。

A. 软件接口　　B. 时间特性

C. 数据类型　　D. 适应性

E. 数据精确度

99. GIS 数据质量包括位置精度及(　　)。

A. 属性精度　　B. 逻辑一致性

C. 安全性　　D. 完备性

E. 现势性

100. 下列工作中，属于地理信息数据库输出设计工作的有(　　)。

A. 数据质量控制　　B. 数据接边处理

C. 选择符号库系统　　D. 设计符号库

E. 文本与表格设计

"测绘综合能力"仿真试卷三

一、单项选择题(每题 1 分，每题的备选选项中，只有 1 项符合题意。)

1. 从 $m(m\geqslant3)$ 台 GNSS 接收机同步观测值中，由(　　)条独立基线构成观测方程。

A. m　　B. $m-1$

C. $m(m-1)$　　D. $m(m-1)/2$

2. 采用 GNSS 水准方法进行区域似大地水准面精化时，如不考虑重力似大地水准面的确定误差，则其精度主要取决于(　　)。

A. 水准测量精度　　B. GPS 测定大地高的精度

C. 地形数据 DEM 的精度　　D. 重力测量精度

3. 大地水准面是(　　)的起算面。

A. 正高　　B. 力高

C. 正常高　　D. 大地高

4. 三角高程垂直角观测的最佳时间段为(　　)。

A. 日出前后　　B. 日落前后

C. 上午 10 点至 11 点　　D. 中午前后

5. 现行规范规定，一等水准路线上的水准点应测定重力的比例应达到(　　)。

A. 10%　　B. 20%

C. 50%　　D. 100%

6. RTK 碎部点测量时，当测区面积较大，采用分区求坐标系统的转换参数时，相邻分区应不少于(　　)个重合点。

A. 1　　B. 2

C. 3　　D. 4

7. 在精密水准测量中为了减小或削弱 i 角误差对观测高差的影响，外业观测中一般采用(　　)的组合方法进行。

A. 视距相等、改变观测程序　　B. 视距相等、往返观测

C. 视距相等、不同观测时间　　D. 视距相等、视线离地面高度高

8. 在测定地面点重力时，同时要较高精度测其高程，其直接目的是(　　)。

A. 绘制地形图等高线用　　B. 重力异常的空间改正

C. 重力网平差需要坐标　　D. 求绝对重力

9. 水平角观测中，为减少度盘分划误差的影响，应使各测回(　　)。

A. 同一方向盘左、盘右读数取平均值

B. 变换度盘位置

C. 增加测回数

D. 更换仪器

10. 坚固建筑物(房屋、纪念碑、塔、桥基)或坚固石崖处一、二等水准路线的普通水准点，应埋设的标石类型是(　　)。

A. 钢管水准标石　　B. 道路水准标石

C. 墙脚水准标志　　D. 混凝土柱水准标石

11. 市级似大地水准面精化中，计算采用的格网平均重力异常分辨率应不低于(　　)。

A. 2.5′×2.5′　　B. 5.0′×5.0′

C. 10.0′×10.0′　　D. 20′×20′

12. 一、二等导线边距离测量中，每边观测总测回数不得超过(　　)。

A. 8　　B. 10

C. 16　　D. 20

13. 编绘航海图时，不精确的等深线一般按原资料表示，短于(　　)mm 时可改为精确的表示。

A. 10　　B. 15

C. 25　　D. 30

14. 电子海图按类别划分的港湾图，其单元尺寸为(　　)。

A. 经差 8°×纬差 8°　　B. 经差 4°×纬差 4°

C. 经差 30′×纬差 30′　　D. 经差 15′×纬差 15′

15. 海岸线至(　　)间的沙滩称为干出滩(又称潮间带)。

A. 平均大潮高潮面　　B. 水深零米线

C. 高程基准面　　D. 平均海水面

16. 采用投影法编辑多波束测深数据，在海底地形极其复杂的海区，需要在(　　)方式下进行进一步编辑。

A. 沿测线前进方向投影　　B. 正交测线方向投影

C. 任意方向投影　　D. 垂直正投影

17. 对于工程地形图质量检验，下列检查项中，不属于地形图成果质量元素的是(　　)。

A. 埋石质量　　B. 数据及结构正确性

C. 整饰质量　　D. 附件质量

18. 在某水域地区(地形倾角 $\alpha \geqslant 25°$)等高距为 2m 的 1∶2 000 比例尺地形图上，等高线插求点相对于临近图根点的高程中误差为(　　)m。

A. ±0.5　　B. ±1.0

C. ±2.0　　D. ±3

19. 工程测量中，主要用于变形监测网的基准点高程控制点标石的是(　　)。

A. 地表岩石标　　B. 深埋式标志

C. 带强制对中装置的观测墩　　D. 平硐岩石标

20. 采用悬挂钢尺法进行高程传递时，设地面后视点高程为 4.300m，后视水准尺读数 1.255m，前视钢尺读数 0.520m，楼层上后视钢尺读数 30.255m，前视待求点水准尺读数 1.510m，则待求点的高程是(　　)m。

A. 29.480　　B. 33.780

C. 32.310　　D. 34.555

21. 陀螺经纬仪定向时，设求算的仪器常数最或是值为 Δ，待定边上测定的陀螺方位角为 α_T，求算的子午收敛角为 γ，则待定边坐标方位角 α 为(　　)。

A. $\alpha_T+\Delta-\gamma$　　B. $\alpha_T-\Delta-\gamma$

C. $\alpha_T+\Delta+\gamma$　　D. $\alpha_T-\Delta+\gamma$

22. 城镇详细规划设计阶段需要的地形图比例尺一般为(　　)。

A. 1∶500　　B. 1∶1 000

C. 1∶2 000　　D. 1∶5 000

23. 某地下管线测量项目共探测隐蔽管线点 200 个，根据《地下管线探测技术规程》，采用开挖验证方法进行质量检查，开挖验证的点数至少为(　　)个。

A. 1　　B. 3

C. 5　　D. 7

24. 根据《地下管线探测技术规程》，通过重复探查对明显管线点地下管线的埋深进行质量检查时，明显管线点的量测埋深中误差最大为(　　)cm。

A. ±2　　B. ±2.5

C. ±3　　D. ±3.5

25. 地下管线的测量成果必须进行成果质量检验，应随机抽查测区管线点总数的(　　)进行复测。

A. 1%　　B. 3%

C. 5%　　D. 7%

26. 为满足某地区 1∶500 比例尺地形图，图根控制点相对于基本控制点的点位中误差不应超过(　　)m。

A. ±0.05　　B. ±0.10

C. ±0.15　　D. ±0.20

27. 某平坦地区 1∶500 比例尺地形图，全站仪测图时，除应选择一个图根点相对于一个图根点作为测站定向点外，尚应施测另外一个图根点作为测站检核，检核点的平面位置较差不应大于(　　)m。

A. ±0.10　　B. ±0.20

C. ±0.30　　D. ±0.40

28. 对于大桥或特大桥，采用跨河水准测量建立桥梁施工高程控制网时，应将两岸的水准路线连成统一的水准网，跨河水准必须采用(　　)方法进行观测。

A. 三角高程测量　　B. 普通水准测量

C. 精密水准测量　　D. GPS 水准测量

29. 房产分幅平面图上某房屋轮廓线中央注记“4123”，则该房屋的产别是(　　)。

A. 集体所有　　B. 联营企业

C. 涉外房产　　D. 国有

30. 按现行《房产测量规范》，绘制房产分户图时，房屋的朝向应满足(　　)。

A. 房屋的主要边线与图廓线平行

B. 房屋的主要边线与指北针平行

C. 与分丘图绘制要求相同

D. 以图框坐标北为基准

31. 房屋及其附属设施测量中，独立地物“井”的测量应以(　　)为准。

A. 柱外围　　B. 底部外围轮廓

C. 中心点　　D. 内轮廓投影

32. 下列图形中，表示在他人用地范围内所建的房屋是(　　)。

A. 2404 (3)B　　B. 2404-A (3)

C. 2404-A (3)A　　D. 2404-B (3)

33. 规范规定，二等地籍平面控制测量不能采用的测量方法是(　　)。

A. 导线测量　　B. GPS 测量

C. 三角测量　　D. 边角组合测量

34. 采用实测数据解析法测算宗地面积时，应(　　)。

A. 参加闭合差计算并进行闭合差配赋

B. 只参加闭合差计算，不参加闭合差配赋

C. 在允许范围内按比例分配误差给各宗地

D. 不参加闭合差计算及闭合差配赋

35. 对于不规则形状的土地，将其分解成若干相对规则图形的土地，分别量算各图形面积后再加总的土地面积的测算方法是(　　)。

A. 几何图形法　　B. 坐标法

C. 求积仪法　　D. 求积透明膜片法

36. 地籍图的内容包括行政区划要素、地籍要素、(　　)、数学要素和图廓要素。

A. 地形要素　　B. 整饰要素

C. 地理要素　　D. 地貌要素

37. 实地测绘 1：2 000 比例尺地籍图时，相邻地物点的间距中误差不得大于(　　)m。

A. ±0.4　　B. ±0.6

C. ±0.8　　D. ±1.0

38. 变更前后均为解析法量算的宗地面积，如原界址点坐标或界址点间距满足精度要求，则该宗地面积(　　)。

A. 按变更后面积计算　　B. 保持原面积不变

C. 取前后的均值　　D. 取加权平均值

39. 在地形图上能准确、可靠地判断其点位未设界桩的边界点，可以在该地形图上量取其坐标和高程。点位量测精度应满足不大于所用最大比例尺地形图图上(　　)mm。

A. 0.1　　B. 0.2

C. 0.3　　D. 0.4

40. (　　)是对边界点位置和边界走向的文字描述，是边界协议书的核心内容。

A. 边界点位置说明　　B. 边界协议书附图

C. 边界线的走向说明　　D. 边界地形图

41. 航空摄影测量加密过程中，无须已知的资料是(　　)。

A. 影像的外方位元素　　B. 像控点的大地测量坐标

C. 数字/数字化影像　　D. 影像的内方位元素

42. 对于 23cm×23cm 的航摄像片，如旁向重叠度为 40%，则该航线间隔在像片上的宽度为(　　)cm。

A. 6.9　　B. 9.2

C. 11.5　　D. 13.8

43. 航空摄影规范要求摄影分区内实际航高与设计航高之差不得大于设计航高的(　　)。

A. 2%　　B. 3%

C. 4%　　D. 5%

44. 像片控制点应选在旁向重叠中线附近，对于 23cm×23cm 像幅的像片，离开方位线的距离应大于(　　)cm。

A. 1.0　　B. 2.5

C. 3.0　　D. 4.5

45. 共线条件方程中的像点坐标指的是(　　)坐标。

A. 像素　　B. 像平面

C. 扫描仪　　D. 量测仪

46. 数字高程的格网尺寸依比例尺选定，通常 1：500～1：2 000 的格网尺寸不应大于(　　)$M_{图}$。

A. 0.01　　B. 0.001

C. 0.005　　D. 0.000 5

47. 采用全野外布点方案的像片控制测量，不需要做的是(　　)。

A. 内业加密　　B. 实地布设控制点

C. 实地布设高程点　　D. 立体测图

48. 对平坦地区航空摄影而言，若航向重叠度设计值为 80%，旁向重叠度设计值为 30%，那么，航摄像片所能达到的最大重叠像片数为(　　)。

A. 4　　B. 6

C. 8　　D. 10

49. DOM 制作前需要通过外业实测或者在已有地形图、正射影像图上采集控制点，主要用于(　　)。

A. 正射纠正　　B. 影像镶嵌

C. 影像增强　　D. 影像融合

50. 规范规定，要按照设计要求收集航空遥感影像资料，数字影像资料不包含的是(　　)。

A. 航摄原始底片　　B. 像片索引图

C. 航空摄影技术设计书　　D. 航摄鉴定表

51. 航摄负片压平质量检查时，检查点应分布均匀，每个像对不少于(　　)点。

A. 6　　B. 8

C. 10　　D. 12

52. 数字摄影测量系统中，利用计算机的影像匹配，通过自动量测(　　)对以上同名点像片坐标来解算相对定向元素。

A. 3　　B. 6

C. 9　　D. 12

53. 航测法成图作业中，立体测图是基于(　　)的原理。

A. 空间前方交会　　B. 空间后方交会

C. 空间侧方交会　　D. 空间距离交会

54. 机载侧视雷达距离分辨率的方向与飞行方向的关系为(　　)。

A. 垂直于飞行方向　　B. 平行于飞行方向

C. 成 45°夹角　　D. 成 135°夹角

55. 一般参考图和中小学教学用的地图，常选用的投影方式是(　　)。

A. 等角投影　　B. 任意投影

C. 等面积投影　　D. 等距离投影

56. 1∶25 万地形图应在图幅内绘经纬线网，其经纬线间隔为(　　)。

A. 30′×20′　　B. 15′×10′

C. 10′×7′30″　　D. 7′30″×5′00″

57. 专题地图内容表示方法的选择主要取决于(　　)。

A. 制图现象的分布特点　　B. 专题要素类型

C. 制图区域特点　　D. 专题要素表示的量化程度

58. 在专题地图中专题内容的表示应(　　)。

A. 具有统一的符号系统　　B. 采用统一的表示方法

C. 具有统一的地理基础　　D. 突出显示在第一层平面上

59. 图幅号为 J50H001001 所在图幅比例尺是(　　)。

A. 1∶5 万　　B. 1∶2.5 万

C. 1∶1 万　　D. 1∶5 000

60. 下列给出的表示地形的方法中，立体感最强的表示方法是(　　)。

A. 等高线法　　B. 分层设色法

C. 明暗等高线法　　D. 晕渲法

61. 地图综合中，对一根等高线表示的小山头，只能取舍、不能合并的是(　　)。

A. 沿共同基底延伸方向分布的小山头

B. 沿主要山脊分布的小山头

C. 位于山体斜坡上的小山头

D. 沿山脊线延伸方向分布的小山头

62. 下列视觉变量中，用来表达要素质量特征的是(　　)。

A. 方向　　B. 颜色

C. 大小　　D. 亮度

63. 现要编制一幅土地利用现状图，需要采用的专题地图表示方法是(　　)。

A. 分级统计图法　　B. 范围法

C. 质底法　　D. 分区统计图表法

64. 测得 a、b 两特征点的高程分别为 201.3m 和 207.5m，若相邻两条计曲线间的高差为 5m，则 a、b 两点间的基本等高线有(　　)条。

A. 4　　B. 5

C. 6　　D. 7

65. 在地形图上，当独立地物符号和街道线或街区发生重叠和冲突时，正确的处理方式是(　　)。

A. 移动独立地物符号位置　　B. 移动街道线

C. 不用处理，直接压盖　　D. 可以中断街道线，街区留空绘出

66. 在地形图上，真子午线指的是(　　)。

A. 坐标纵线　　B. 外图廓线

C. 南北内图廓线　　D. 图幅中央经线

67. 计算矩形分幅地图的图廓点坐标的方法取决于(　　)、中央经线的位置和坐标起始点等条件。

A. 地图的分幅　　B. 分幅线的位置

C. 地图的投影　　D. 地图的定向

68. 地形图上基本线条的粗为 0.1mm，基本点为 0.15mm，主要是根据(　　)来设计的。

A. 地图载负量　　B. 视敏度
C. 符号设计需要　　D. 地图认知效果

69. 海量空间数据的管理主要采用的是(　　)。
A. 分幅管理空间数据的方法　　B. 缩小比例尺的方法
C. 分层管理空间数据的方法　　D. 压缩空间数据的方法

70. 输入图层为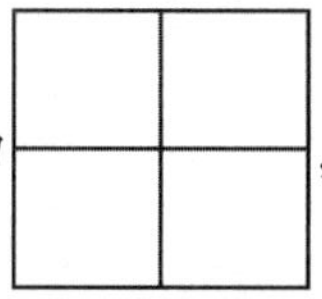，叠加图层为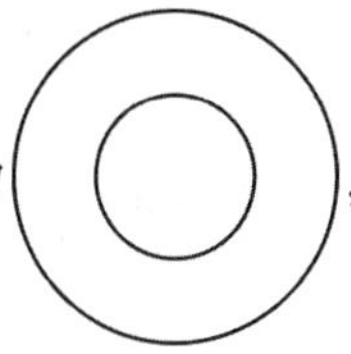，则将两图层做叠加分析的结果是(　　)。

A. 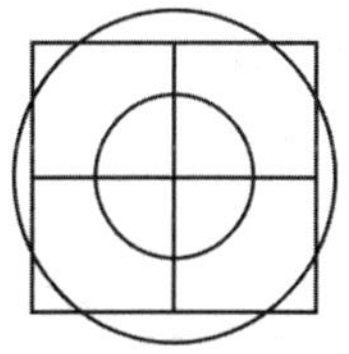　　B. 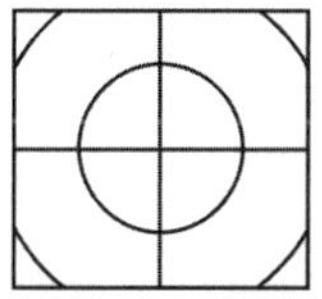

C. 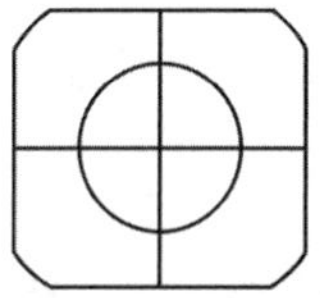　　D. 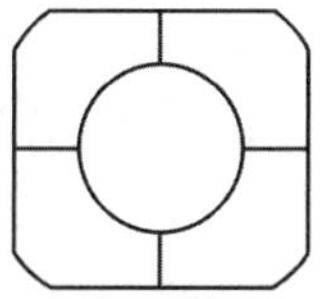

71. 能够最有效地描述空间物体地理分布及与之相关的属性的技术是(　　)。
A. 地理信息系统技术　　B. 计算机地图制图技术
C. 数据库技术　　D. CAD 技术

72. 下列说法中，属于实体对象所具有的拓扑属性的是(　　)。
A. 两点之间的距离　　B. 弧段的长度
C. 一个面的连接性　　D. 一个点指向另一个点的方向

73. 下列测试方法中，是基于客户使用产品的知识开发出来的测试方法是(　　)。
A. 单元测试　　B. 黑盒测试
C. 白盒测试　　D. ALAC 测试

74. 下列描述中，最能完整地说明地理信息系统软件组成的是(　　)。
A. 输入模块、分析模块和输出模块
B. 输入模块、管理模块、分析模块和输出模块
C. 管理模块、分析模块和用户接口模块
D. 输入模块、编辑模块、管理模块、分析模块和输出模块

75. 栅格数据编码方法中，占据存储空间最大的是(　　)。
A. 直接编码法　　B. 行程编码法
C. 块式编码法　　D. 四叉树编码法

76. 确定某一县境内公路的类型以及不同道路的里程，所用空间分析方法是(　　)。
A. 追踪分析法　　B. 缓冲区分析
C. 叠置分析法　　D. 包含分析法

77. GIS 总体设计阶段的主要任务是(　　)。
A. 确定系统目标和建设目的　　B. 将系统需求转换为软件体系结构
C. 需求确定和数据库设计　　D. 完成系统功能的描述

78. 下列内容中，不属于导航电子地图的 POI 内容的是(　　)。
A. 道路名　　B. 交叉点
C. 邮编检索　　D. 植被数据

79. 导航电子地图在公开出版、销售、传播、展示和使用时，可以出现的内容是(　　)。
A. 通信线　　B. 地下管线
C. 渡口位置　　D. 测量控制点

80. 下列软件中，不属于在线地理信息服务系统软件组成部分的是(　　)。
A. 服务发布软件　　B. 服务管理软件
C. 数据采集软件　　D. 数据维护软件

二、多项选择题(每题 2 分。每题的备选选项中，有 2 个或 2 个以上符合题意，至少有 1 个是错项。错选，本题不得分；少选，所选的每个选项得 0.5 分。)

81. 下列测绘仪器设备中，可用于一、二等跨河水准测量的是(　　)。
A. 条码式因瓦标尺　　B. DJ2 型经纬仪
C. 大地型双频 GPS 接收机　　D. Ⅱ级光电测距仪
E. 自动安平数字水准仪

82. 似大地水准面精化中，影响其精度的有(　　)。
A. GNSS 水准点的精度和密度　　B. 重力测量的精度和密度
C. DEM 的分辨率和精度　　D. 全球重力场模型的精度
E. 该地域的平均经纬度

83. 下列有关等高线的特性的说法正确的有(　　)。
A. 同一条等高线上的点高程相等
B. 等高线是闭合曲线
C. 山脊线不与等高线正交
D. 等高线平距与坡度成正比
E. 等高线越密集表示坡度越陡

84. 海图按照内容可分为普通海图和专题海图，下列海图中属于专题海图的是(　　)。
A. 海底地势图　　B. 海洋水产图
C. 海洋水文图　　D. 海底地形图
E. 海上交通图

85. 海图上的潮信资料主要有(　　)。

A. 平均高潮间隙　　B. 潮差比
C. 涨潮历时　　D. 平均海面
E. 地点和位置

86. 目前，地形图测绘主要采用数字法，下列属于数字法测图的方法有(　　)。
A. GNSS-RTK 测图　　B. 平板仪测图
C. 经纬仪测图　　D. 全站仪测图
E. 遥感测图

87. 与传统地形图相比，DEM 具有(　　)等优势。
A. 便于存储、更新、传播和计算机自动处理
B. 具有多比例尺特性
C. 特别适合定性分析和三维建模
D. 可以绘制断面图
E. 可用于制作真正射影像

88. 矿山与隧道工程贯通测量过程中，平硐、斜井的高程联系测量采用的方法有(　　)。
A. 导线测量　　B. 水准测量
C. 钢尺(或钢丝)导入法　　D. 光电测距仪导入法
E. 三角高程测量

89. 下列地物中，在 1∶5 000 比例尺地形图上为半比例符号的是(　　)。
A. 公路　　B. 小路
C. 房屋　　D. 田埂
E. 围墙

90. 下列房屋附属设施中，不需要在分幅图上表示的是(　　)。
A. 宽度小于图上 1mm 的室外楼梯
B. 与房屋相连的 4 步台阶
C. 单位内部的维护物
D. 加固墙
E. 底层阳台

91. 地籍测绘工作结束后，应提交的测绘成果资料有(　　)。
A. 土地利用分类统计分析报告　　B. 各等级控制网展点网图
C. 宗地关系草图　　D. 街坊划分示意图
E. 相应格式的测量数据文件

92. 边界协议书的附图的内容包括(　　)。
A. 控制点　　B. 界桩点
C. 边界线　　D. 相关地形要素
E. 名称、注记

93. 下列检校内容中，属于数字航摄仪检定项目的有(　　)。

A. 检定主距　　B. 自准直主点坐标
C. 框标坐标　　D. 径向畸变差
E. CCD 面阵坏点

94. 在摄影测量中共线方程式用于解求的是(　　)。
A. 像点坐标　　B. 外方位元素
C. 像片倾斜误差　　D. 地面点坐标
E. 内方位元素

95. 获取 DEM 格网点高程，常采用的内插方法有(　　)。
A. 线性内插　　B. 双线性多项式内插
C. 分块双三次多项式内插　　D. 移动曲面拟合法内插
E. 双三次卷积内插法

96. 地形图上等高线包括(　　)。
A. 首曲线　　C. 助曲线
B. 计曲线　　D. 实曲线
E. 间曲线

97. 制图综合中，道路图形概括的方法主要有(　　)。
A. 删除　　B. 分割
C. 夸大　　D. 共线
E. 缩小符号

98. 在 GIS 需求规格说明书中，属于系统运行需求的是(　　)。
A. 硬、软件接口　　B. 用户界面
C. 数据精确度　　D. 故障处理
E. 数据处理

99. 检索信息在导航应用中起到目的搜索和定位的作用，主要包括(　　)等。
A. 兴趣点　　B. 地名
C. 行政界线　　D. 道路交叉点
E. 点门牌

100. 导航电子地图的背景数据包括(　　)。
A. 建筑层　　B. 铁路数据
C. 植被　　D. 水系
E. 道路

“测绘综合能力”仿真试卷四

一、单项选择题（每题1分，每题的备选选项中，只有1项符合题意。）

1. 在等角投影中，某点的长度比仅与该点的(　　)有关。

A. 位置　　B. 高程　　C. 重力　　D. 方向

2. 我国内陆水域的深度基准采用的是(　　)。

A. 理论最低潮面　　B. 设计水位

C. 平均海水面　　D. 海洋大地水准面

3. 某直线的坐标方位角 $\alpha_{AB}=145°30'$，则可知该直线的坐标增量为(　　)。

A. $+\Delta X$，$+\Delta Y$　　B. $+\Delta X$，$-\Delta Y$

C. $-\Delta X$，$+\Delta Y$　　D. $-\Delta X$，$-\Delta Y$

4. 用陀螺经纬仪测得 PQ 的真北方位角为 $A_{PQ}=62°11'08''$，计算得 P 点的子午线收敛角 $\gamma_P=-0°48'14''$，则 PQ 的坐标方位角 $\alpha_{PQ}=$(　　)。

A. 62°59′22″　　B. 61°22′54″

C. 61°06′16″　　D. 62°06′27″

5. 三、四等水准测量采用尺台作为转点尺承，尺台质量不小于(　　)kg。

A. 1　　B. 2

C. 3　　D. 4

6. 现行规范规定，GNSS点位选择不合理，有高度角大于15°的障碍物，且水平投影大于60°，错漏分类应定为(　　)。

A. C类　　B. D类

C. A类　　D. B类

7. 已知某点的大地坐标为 $B=30°22'$，$L=114°20'$，则该点位于6°投影带的(　　)号带。

A. 19　　B. 20

C. 21　　D. 22

8. 某支导线及其转折角如下图所示，已知坐标方位角 $\alpha_{AB}=45°00'00''$，则 $\alpha_{12}=$(　　)。

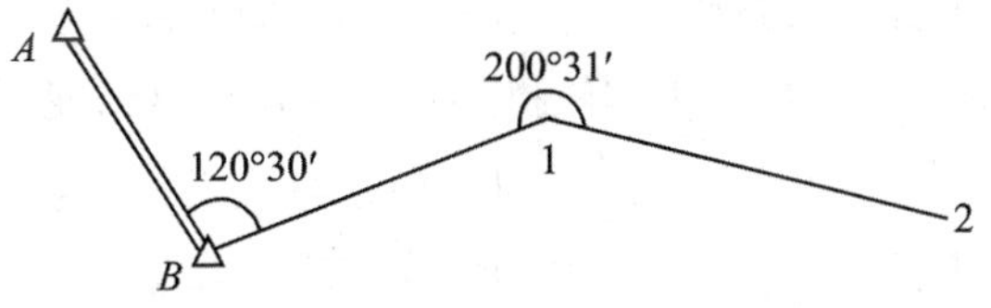

A. 186°01′00″　　B. 6°01′00″

C. 173°59′00″　　D. 353°59′00″

9. 在不同测站同步观测同一卫星的观测量单差可以消除(　　)的影响。

A. 卫星钟差　　B. 接收机钟差

C. 整周未知数　　D. 大气折射

10. 使用数字水准仪进行四等水准测量时，应尽量避免视线被遮挡，遮挡不要超过标尺在望远镜中截长的(　　)。

A. 10%　　B. 20%

C. 30%　　D. 40%

11. 沙漠地区或冻土深度小于0.8m的地区，一、二等水准路线的普通水准点，应埋设的标石类型是(　　)。

A. 钢管水准标石　　B. 道路水准标石

C. 混凝土柱水准标石　　D. 岩层水准标石

12. 在水准测量中采用“后—前—前—后”的观测程序，目的是削弱(　　)引起的误差。

A. 视准轴不平行水准管轴　　B. 仪器沉降

C. 尺台(桩)沉降　　D. 水准尺零点差

13. 在开阔的海湾、地貌较复杂的沿岸及岛屿地区进行水深测量，应以(　　)比例尺施测地形图。

A. 1∶5 000　　B. 1∶10 000

C. 1∶2 000　　D. 1∶25 000

14. 下列图幅尺寸中，不属于水深测量标准图幅尺寸的是(　　)。

A. 50cm×50cm　　B. 50cm×70cm

C. 70cm×100cm　　D. 80cm×110cm

15. 规范规定，海上助航标志、显著物标的位置应按(　　)要求测定。

A. 海控一级点　　B. 海控二级点

C. 测图点　　D. 国家四等点

16. 海洋测量中，采用GNSS进行控制测量时，测图点(HC)的定位误差不超过(　　)cm。

A. ±10　　B. ±20

C. ±35　　D. ±50

17. 下列测量方法中，可用于地下工程竖井平面联系测量的是(　　)。

A. 几何定向法　　B. GNSS定位方法

C. 三角测量　　D. 导线测量

18. 线路工程施工测量复测的目的是(　　)。

A. 重新测设桩点　　B. 恢复定测桩点，检查定测质量

C. 修订桩点的平面位置和高程　　D. 全线里程贯通，消除断链

19. 下列测量工作，不属于建筑工程施工阶段测量工作的是(　　)。

A. 立面测量　　B. 施工放样

C. 高程传递　　D. 轴线测设

20. 下列变形监测方法中，不属于动态变形监测方法的是(　　)。

A. 实时动态 GNSS 测量方法　　B. 液体静力水准测量

C. 近景摄影测量方法　　D. 地面三维激光扫描方法

21. 下列方法中，不可用于高层建筑物铅垂线放样的是(　　)。

A. 引张线法　　B. 激光铅垂仪法

C. 光学铅垂仪法　　D. 全站仪弯管目镜法

22. 建筑物高程放样中的建筑物高程零点应设在(　　)。

A. 主要建筑物室内地坪　　B. 建筑物平均室内地坪

C. 主要入口处室内地坪　　D. 建筑物最低室内地坪

23. 某地下管线测量项目共探测了 1 000 个管线点，其中隐蔽管线点 200 个。根据现行《工程测量标准》，采用开挖验证方法进行质量检查的点数至少为(　　)个。

A. 1　　B. 2

C. 3　　D. 4

24. 某隧洞进出口底板设计高程分别为 45.500m 和 44.700m，隧洞全长为 400m，隧洞为均坡，则离出口 100m 处的隧洞底板高程为(　　)m。

A. 45.700　　B. 45.300

C. 44.900　　D. 44.500

25. 现行《工程测量标准》规定，隧道洞外平面控制测量的等级，主要依据(　　)来界定。

A. 隧道的长度　　B. 线路形状

C. 对贯通误差的要求　　D. 两开挖洞口间长度

26. 下列测量方法中，最适宜对大坝和桥梁水平位移、地面沉降进行监测的是(　　)。

A. GPS 测量　　B. InSAR 测量

C. 准直测量　　D. 摄影测量

27. 根据现行《工程测量标准》，采用三角网进行平面控制测量，首级控制网中的三角形宜布设为近似等边三角形，其三角形的内角最小不得小于(　　)。

A. 15°　　B. 25°

C. 30°　　D. 35°

28. 三角形网测量数据处理中，当测区需要进行高斯投影时，四等及以上等级的方向观测值，应进行(　　)计算。

A. 方向改化　　B. 垂线偏差的修正

C. 测距边长度的归化投影　　D. 闭合差计算与检核

29. 界址测量中，已知某点的编号为：351392648-4-00126，其中"4"为类别代码，表示该点为(　　)。

A. 水准点　　B. 界址点

C. 建筑物角点　　D. 特征点

30. 房屋特征部位测量中，独立柱的门廊以(　　)为准量测。

A. 柱外围　　B. 顶盖投影

C. 外轮廓投影　　D. 柱中心

31. 下列房屋建筑部位中，不计算建筑面积的是(　　)。

A. 阳台面积　　B. 室内楼梯面积

C. 墙体面积　　D. 外墙勒脚所占面积

32. 某房产分丘图在房屋轮廓线中标注了"14011957"等数字字样，其中"4"所代表的是(　　)。

A. 该房屋共 4 层　　B. 该房屋为国有房产

C. 该房屋为混合结构　　D. 该房屋为该幢楼第 4 层

33. 地籍图的精度要求，相邻界址点间距、界址点与邻近地物点距离中误差的绝对值不应大于图上(　　)mm。

A. 0.3　　B. 0.4

C. 0.5　　D. 0.6

34. 地籍图图廓是以(　　)为界。

A. 高斯-克吕格坐标格网线　　B. 整公里格网线

C. 半公里格网线　　D. 普通坐标格网线

35. 某宗地图中房屋及各数字注记如下图所示，则该注记中数字"8"所代表的是(　　)。

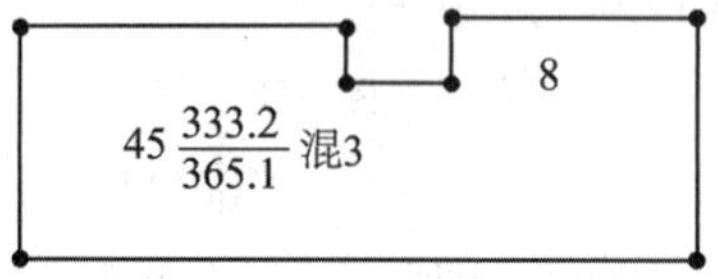

A. 幢号　　B. 门牌号

C. 地类号　　D. 丘号

36. 下列情况中，不需要重新绘制宗地草图的是(　　)。

A. 原测距精度低　　B. 测算数据错误

C. 注记错误　　D. 产权人变更

37. 边界线标绘中，调绘的地物点对于野外控制点的平面误差最大不得超过图上(　　)mm。

A. 0.25　　B. 0.5

C. 0.75　　D. 1.0

38. 界线测绘时观测界桩一般是(　　)。

A. 只测高程　　B. 先测平面坐标再测高程

C. 高程应与平面坐标同时施测　　D. 只测平面坐标

39. 根据现行测绘航空摄影规范，下列航摄仪检定项目检定精度要求最高的是(　　)。

A. 框标坐标　　B. 径向畸变差

C. 最佳对称主点坐标　　D. 自准直主点坐标

40. 下列航摄成果内容中，属于数码摄影质量检查内容的是(　　)。

A. 像片重叠度　　B. 影像密度

C. 框标和数据记录　　D. 像点位移误差

41. 数字正射影像图生产过程中，对于丘陵地影像的正射纠正，应(　　)进行纠正。

A. 根据地区光谱特性，通过试验选择合适的光谱波段组合，分别对全色和多光谱影像

B. 根据影像控制点，应用严密物理模型或有理函数模型并通过 DEM 数据

C. 根据情况利用低一等级的 DEM

D. 不利用 DEM 直接采用多项式拟合

42. 根据航空摄影测量内业规范，测绘等高线时应用测标切准模型描绘。在等倾斜地段，相邻两条计曲线间距离在图上小于(　　)mm。

A. 3　　B. 4

C. 5　　D. 6

43. 根据《1∶500 1∶1 000 1∶2 000 地形图航空摄影测量数字化测图规范》，悬空建筑在水上的房屋与水涯线重合时，(　　)。

A. 需绘制水涯线，房屋视情况而定

B. 只绘制房屋，可不表示水涯线

C. 房屋用虚线表示，可不表示水涯线

D. 房屋按实际位置绘出，间断水涯线

44. 采用 RFM 成像模型代替卫星影像严格几何成像模型时，拟合中误差不应大于(　　)像素。

A. 0.01　　B. 0.05

C. 0.10　　D. 15

45. 空三加密方法中，能最方便地顾及影像系统误差影响的方法是(　　)。

A. 航带法　　B. 独立模型法

C. 光束法　　D. 相对定向-绝对定向方法

46. 根据像片图上地物投影差改正值的计算公式：$\delta_A = \dfrac{\Delta h}{H} \cdot R$，内业作业时无须提供的是(　　)。

A. 像底点位置　　B. 纠正起始面的高程

C. 像主点位置　　D. 纠正起始面的相对航高

47. 雨后绿色植被表面水滴未干时不应进行(　　)摄影。

A. 黑白　　B. 真彩色

C. 彩红外　　D. 多光谱

48. 研究遥感图像的水系时，若要突出水系部分，可以进行(　　)处理。

A. 高通滤波　　B. 低通滤波

C. 中值滤波　　D. 同态滤波

49. 下列内容中，不会引起遥感图像的几何变形或辐射误差的是(　　)。

A. 太阳高度角　　B. 大气

C. 地形　　D. 地物面积

50. 分辨率为 30m 的 TM 影像，按规范要求的平面精度(图上 0.5mm)，可用于制作(　　)比例尺的影像图。

A. 1∶25 000　　B. 1∶10 000

C. 1∶100 000　　D. 1∶500 000

51. 侧视雷达图像上由地形引起的几何畸变不包括(　　)。

A. 透视收缩　　B. 斜距投影变形

C. 叠掩　　D. 阴影

52. 在云雾范围很大的区域，欲了解农田被洪水淹没与受灾的情况，最好采用的遥感图像是(　　)。

A. 热红外遥感图像　　B. MSS 图像

C. TM 图像　　D. 微波雷达图像

53. 胶片摄影机与数字摄影机几何检校共有的内容是(　　)。

A. 调焦后畸变差变化情况　　B. 像元大小测定

C. 摄影物镜光学畸变差测定　　D. 调焦后主距变化测定

54. 下列投影类型中，最适宜编制各种航海图的是(　　)。

A. 圆锥投影　　B. 方位投影

C. 墨卡托投影　　D. 高斯投影

55. 下列参数中，与地球曲率引起的像点位移无关的是(　　)。

A. 地球半径　　B. 摄影机焦距

C. 像点径距　　D. 摄影高度

56. 地图的一览性主要通过(　　)来体现。

A. 地图综合　　B. 地图整饰

C. 地图语言　　D. 数学基础

57. 在进行干旱区地图综合时，一般应全部保留河流、水井、泉等，主要是因为(　　)。

A. 地图的用途　　B. 地图比例尺

C. 制图区域的地理特征　　D. 数据质量

58. 在没有明显构造方向时，独立的山顶综合处理正确的方式为(　　)。

A. 只能合并，不能选取　　B. 只能选取，不能合并

C. 可以合并，也可以选取　　D. 可以适当进行移位

59. 我国编制世界地图常使用的地图投影是(　　)。

A. 圆锥投影　　B. 圆柱投影

C. 多圆锥投影　　D. 等差分纬线多圆锥投影

60. 专题地图上，一般表示人口分布的方法是(　　)。

A. 定位图表法　　B. 线状符号法

C. 点值法　　D. 等值线法

61. 下列视觉变量中，主要用来表示要素数量质量特征的是(　　)。

A. 方向　　B. 形状

C. 大小　　D. 位置

62. 地图上往往借助颜色来表示湖泊的性质，一般用(　　)表示盐水湖。

A. 灰色　　B. 青色

C. 蓝色　　D. 紫色

63. 在国家基本比例尺地图编绘中，对于地物符号化后出现的压盖、符号间应保留的空隙或小面积重要地物夸大表示等情况引起的地物要素的位移，位移值一般不超过(　　)mm。

A. 0.1　　B. 0.3

C. 0.5　　D. 0.7

64. 专题图编制中，一般行政区划图采用的表示方法是(　　)。

A. 范围法　　B. 定位图表法

C. 质底法　　D. 分级统计图法

65. 下列内容中，不属于矢量数据结构特点的是(　　)。

A. 图形显示质量好　　B. 易于网络分析

C. 图形显示精度高　　D. 数据结构简单

66. 下列分析方法中，不属于 GIS 网络分析功能的是(　　)。

A. 流分析　　B. 坡度分析

C. 资源分配　　D. 路径分析

67. 下列内容中，不属于拓扑数据结构特点的是(　　)。

A. 点是相互独立的，点连成线，线构成面

B. 弧段是数据组织的基本对象

C. 多边形的公共边界被数字化两次和存储两次

D. 每条线始于起节点，止于终节点

68. DEM 的分析和应用中，利用 DEM 数据可以进行(　　)。

A. 包含分析　　B. 路径分析

C. 洪水淹没损失估算　　D. 网络分析

69. 按内容对 GIS 进行分类，其中具有有限目标和专业特点的地理信息系统是(　　)。

A. 专题地理信息系统　　B. 区域地理信息系统

C. 地理信息系统工具　　D. 基础地理信息系统

70. DLG 空间数据采集最有效的方法是(　　)。

A. 地面实测　　B. 地图数字化

C. 空间传感器　　D. 数字摄影测量方法

71. 在下列内容中，属于非拓扑属性的说法的是(　　)。

A. 一个点在一个区域的边界上　　B. 一个区域的面积

C. 一个点在一个区域的内部　　D. 一个点在一个环的内部

72. 下列描述的内容中，不属于元数据作用的是(　　)。

A. 可有效地管理和维护空间数据

B. 便于表达数据的拓扑关系

C. 便于对数据进行查询检索

D. 便于用户处理和转换应用的数据

73. 下列有关地理数据库的叙述，错误的是(　　)。

A. 是以一定的组织形式存储在一起的互相关联的地理数据集合

B. 由地理信息数据库和程序库组成

C. 它描述的是地理要素的属性关系和空间位置关系

D. 它描述的是事物属性之间的抽象逻辑关系

74. 下列栅格结构编码方法中，具有可变分辨率和区域性质的是(　　)。

A. 直接栅格编码　　B. 链码

C. 游程编码　　D. 四叉树编码

75. 将纸质地图数据转换为 GIS 可以处理的数字数据，不可以采用的是(　　)。

A. 扫描数字化　　B. 符号化

C. 屏幕跟踪　　D. 属性数据录入

76. 建立 E-R 模型的工作，属于 GIS 软件生命周期的(　　)。

A. 需求分析阶段　　B. 设计阶段

C. 编码阶段　　D. 测试阶段

77. 进行商业选址时，需要综合考虑多种地理空间信息，下列数据中不必考虑的是(　　)。

A. 交通网　　B. 居民地分布

C. 人口　　D. 气象

78. 导航电子地图数据的质量元素"位置精度"检测中，道路相对位置误差大于(　　)m 时，判定差错等级为严重差错。

A. 5　　B. 10

C. 15　　D. 20

79. 地图的预制缓存是把地图按一系列的(　　)预先制作好，然后切割成瓦块，以便于快速显示。

A. 经纬度　　B. 范围

C. 比例尺　　D. 属性

80. 用于地理信息公共服务平台的电子地图数据中，第 15 级数据使用的数据源比例尺可以是(　　)。

A. 1∶1 000　　B. 1∶2 000

C. 1∶5 000　　D. 1∶10 000

二、多项选择题(每题 2 分。每题的备选选项中，有 2 个或 2 个以上符合题意，至少有 1 个是错项。错选，本题不得分；少选，所选的每个选项得 0.5 分。)

81. 下列因素中，与计算 GNSS 独立环闭合差的限差有关的是(　　)。
A. 控制网等级　　B. 独立环中各基线向量的长度
C. GNSS 接收机的固定误差　　D. GNSS 接收机的比例误差
E. 观测时段长度

82. 高斯-克吕格投影的三个条件是(　　)。
A. 等角　　B. 中央子午线投影后为直线
C. 中央子午线投影后长度不变　　D. 子午线都向两极收敛
E. 纬线保持与经线处处正交凸向两极

83. 国家一、二等跨河水准测量，跨距 3 000m，海拔约 600m，则可根据需要选择的方法是(　　)。
A. 光学测微法　　B. 经纬仪倾角法
C. 倾斜螺旋法　　D. 测距三角高程法
E. GPS 测量法

84. 海道测量的技术设计书按类型可分为(　　)。
A. 控制测量设计图　　B. 水深测量设计图
C. 海底微地貌设计图　　D. 水位改正方案
E. 海岸地形测量设计图

85. 下列关于水准测量手簿观测数据的修改，说法错误的是(　　)。
A. 米、分米位数据不得连环涂改
B. 厘米、毫米位数据可以划改
C. 记错的数据不允许划改
D. 记错的数据可以用橡皮修改
E. 厘米、毫米位数据不得划改，若有错误应整站重测

86. 变形监测内容包含几何量、物理量两方面，其中物理量监测内容主要包括(　　)。
A. 库水位与地下水位测量　　B. 应力测量
C. 应变测量　　D. 倾斜测量
E. 裂缝测量

87. 地下管线探测是通过现场实地调查和仪器探测的方法探寻各种管线的(　　)。
A. 埋设深度　　B. 埋设位置
C. 材质、规格等属性　　D. 长度
E. 走向

88. 日照测量中，建筑物的窗户、阳台高度一般采用(　　)测量方法。

A. 钢尺量距　　B. 手持测距仪
C. 三角高程测量　　D. 悬高测量
E. 水准测量

89. 下面关于房产面积精度的说法，正确的是(　　)。
A. 房产面积精度分为三级
B. 对新建商品房一般采用一级精度要求
C. 三级精度是为解决过去测出的房产面积精度不高的问题而设置的
D. 一级房产面积精度中误差为±$(0.01\sqrt{S}+0.000\ 3S)$，其中 S 是房产面积
E. 以 2 倍中误差作为建筑面积测算的限差

90. 宗地分割或边界调整常采用的测量方法是(　　)。
A. 极坐标法　　B. GPS 法
C. 截距法　　D. 距离交会法
E. 图解法

91. 与胶片摄影机相比，数字摄影机几何检校特有的内容有(　　)。
A. 调焦后畸变差变化情况　　B. 像元大小测定
C. 摄影物镜光学畸变差测定　　D. 调焦后主距变化测定
E. 底片压平装置的测定

92. 下列属于遥感图像平滑方法的是(　　)。
A. 邻域平均法　　B. 低通滤波法
C. 代数变换　　D. 反差增强
E. 滤波及彩色变换

93. 称为地图符号图形变量的是(　　)。
A. 形状　　B. 尺寸
C. 距离　　D. 属性
E. 色彩

94. 遥感调查工作底图制作的内容主要有(　　)。
A. 几何校正　　B. 影像图增强
C. 影像图整饰　　D. 调查地图喷绘
E. 目视解译

95. 航空数字遥感图像预处理的过程方法有(　　)。
A. 影像增强　　B. 降位处理
C. 匀光处理　　D. 轨道参数提取
E. 多光谱波段选取

96. 地图编绘中常用的编绘指标有(　　)。
A. 详细指标　　B. 定额指标
C. 等级指标　　D. 分界尺度

E. 质量指标

97. 下列因素中，可以作为地图投影选择依据的是(　　)。

A. 制图区域范围　　B. 地理要素密度

C. 制图比例尺　　D. 地图用途

E. 制图区域的形状

98. 空间数据库的设计是指在数据库管理系统的基础上建立空间数据库的过程，主要包括(　　)。

A. 需求分析　　B. 结构设计

C. 符号库分析　　D. 元数据库设计

E. 数据更新设计

99. 城市三维模型数据主要由(　　)组成。

A. 地名与地址数据　　B. 地籍数据

C. 空间几何数据　　D. 影像纹理数据

E. 属性数据

100. 导航电子地图数据质量定量元素主要要素主题有(　　)。

A. 道路　　B. 控制点

C. 兴趣点　　D. 背景

E. 注记

“测绘综合能力”仿真试卷五

一、单项选择题(每题 1 分，每题的备选选项中，只有 1 项符合题意。)

1. 水准测量时，如用双面水准尺，观测程序采用“后—前—前—后”，其目的主要是消除(　　)的影响。

A. 仪器下沉误差　　B. 视准轴不平行水准管轴误差

C. 水准尺下沉误差　　D. 水准尺刻划误差

2. GPS 测量手簿记录内容要求填写点位所在的(　　)地形图图幅编号。

A. 1∶5 000　　B. 1∶10 000

C. 1∶50 000　　D. 1∶1 000

3. 水准测量中，设每一站观测高差的中误差为±4mm，若每千米设 9 个测站，当路线观测高差的中误差不超过±24mm 时，则水准路线长度不应大于(　　)km。

A. 3　　B. 4

C. 5　　D. 6

4. 水平方向观测值的“方向改化”是指(　　)。

A. 垂线偏差改正　　B. 标高差改正

C. 截面差改正　　D. 高斯投影后曲线变换为直线的改正

5. 水平角观测时，各测回间要求变换度盘位置，其目的是(　　)。

A. 改变起始方向的度盘度数　　B. 减小度盘偏心差的影响

C. 便于检查观测的粗差　　D. 减弱度盘刻划误差的影响

6. 水平角观测过程中，规范规定 DJ07、DJ1 仪器二倍视准轴误差($2C$)的绝对值不能大于(　　)s。

A. 10　　B. 20

C. 30　　D. 40

7. 现行规范规定，D 级 GNSS 网观测时，一个时段至少观测(　　)min。

A. 40　　B. 45

C. 50　　D. 60

8. 二等大地控制网各控制点的相对精度应不低于 1×10^{-7}，其点间平均距离不超过(　　)km。

A. 20　　B. 30

C. 40　　D. 50

9. 某二等点上观测三等方向时，联测了两个二等方向，已知二等水平角的测角中误差为 $m_1=\pm1.0''$；三等水平角的测角中误差为 $m_2=\pm1.8''$，则联测角闭合差限差为(　　)。

A. ±2.1″　　B. ±4.2″

C. ±3.6″　　D. ±2.0″

10. 某正方形丈量了四边，每边的中误差均为 m，其周长中误差为 m_Σ，下列计算式正确的是(　　)。

A. $m_\Sigma=4m$　　B. $m_\Sigma=2m$

C. $m_\Sigma=\sqrt{2}m$　　D. $m_\Sigma=3.14$

11. 已知某点经度为 121°25′，则该点在 3°带的中央经线为(　　)。

A. 117°　　B. 120°

C. 123°　　D. 126°

12. 绝对重力测量是测定某点的(　　)。

A. 重力差值　　B. 重力平均值

C. 重力垂直梯度　　D. 重力加速度

13. 似大地水准面精化数据处理过程，正常重力应采用(　　)相应的公式。

A. 克拉索夫斯基椭球　　B. GRS80 椭球

C. 总地球参考椭球　　D. IAG75 椭球

14.《海图印刷规范》规定，通常情况下，海图印刷色序是按(　　)颜色进行排列的。

A. 黑、黄、紫、蓝　　B. 黄、品红、青、黑

C. 黑、蓝、紫、棕　　D. 黑、红、绿、蓝

15. 海洋测量定位中，圆-圆法属于(　　)定位方法。

A. 光学　　B. 无线电

C. 卫星　　D. 水声

16. 短期验潮站的平均海面，一般用邻近的两个长期验潮站的平均海面转测求得，转测误差不得大于(　　)cm。

A. 5　　B. 10

C. 15　　D. 20

17. 海底扫测时，定位误差不大于(　　)m，并使误差椭圆的长轴与测线方向平行。

A. ±5　　B. ±10

C. ±15　　D. ±20

18. 为了保持海岸地形图的现势性和用途需要，需要对已变化的部分进行修测，当一幅海岸地形图变动面积超过(　　)时，应全幅重测。

A. 1/8　　B. 1/6

C. 1/4　　D. 1/2

19. 桥梁和水利枢纽施工控制网中，一般采用"使控制点误差对放样点位不发生显著影响"原则，若要求水利枢纽工程的大坝坝墩中心线以及桥梁工程中心位置的测量误差不超过±20mm，则控制网对放样点位的影响最大为(　　)mm。

A. +8　　B. +10

C. ±12　　D. ±16

20. 变形监测中，主要用于基准点稳定性分析的方法是(　　)。

A. 统计分析法(如回归分析法)　　B. 平均间隙法

C. 确定函数法(如有限元法)　　D. 混合模型法

21. 下列工作内容中，不属于线路定测阶段工作内容的是(　　)。

A. 地形图测绘　　B. 中线测量

C. 纵断面测量　　D. 横断面测量

22. 在地形图上，要求地物(实地)相对位置精度优于 0.15m，则根据实际情况，所选比例尺最合适的是(　　)。

A. 1∶500　　B. 1∶1 000

C. 1∶2 000　　D. 1∶5 000

23. 卫星定位测量控制网构成闭合环或附合路线的边数不宜多于(　　)条。

A. 2　　B. 4

C. 6　　D. 8

24. 用全站仪在某测站进行水平角观测，若一测回中重测方向数超过总方向数的 1/3 时，正确的处理方式是(　　)。

A. 重测下半测回　　B. 重测零方向

C. 重测该测回　　D. 重测该测站

25. 某两开挖洞口间长度为 3.8km 的隧道工程，其相向施工中线在贯通面上的横向贯通误差，不应大于(　　)mm。

A. 70　　B. 100

C. 150　　D. 200

26. 相关规范规定，对于 GNSS-RTK 测图参考站的有效作业半径不应超过(　　)km。

A. 5　　B. 10

C. 15　　D. 20

27. 线路测量中，圆曲线的终点的代号通常用(　　)表示。

A. YZ　　B. QZ

C. ZY　　D. JD

28. 平坦水网地区，等高线插求点对邻近图根点的高程中误差应小于(　　)等高距(m)。

A. 1/3　　B. 1/2

C. 2/3　　D. 1.0

29. 现行规范规定，地下管线隐蔽点管线探查时，埋深测量所指的 h 是指(　　)。

A. 管线内径　　　　B. 管线外径
C. 管线两端高差　　　　D. 管线埋深

30. 根据《工程测量标准》，绘制纸质地形图时，对于“依比例尺绘制的符号”，应保持(　　)。
A. 其轮廓位置的精度　　　　B. 其主线位置的几何精度
C. 其主点位置的几何精度　　　　D. 其符号的整体美观性

31. 下列情形中，计入套内房屋使用空间面积的是(　　)。
A. 内墙面装饰厚度　　　　B. 套内阳台建筑面积
C. 套内墙体面积　　　　D. 结构面积内的套内烟囱

32. 某房地产图中注记了如下图所示数字，注记中数字“44”所代表的是(　　)。

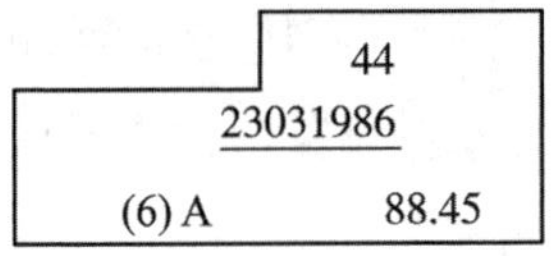

A. 丘号　　　　B. 房产权号
C. 房产区号　　　　D. 房产分区号

33. 相关规范规定，采用已有坐标或已有图件，展绘成房产分幅图，展绘中误差不得超过图上(　　)mm。
A. 0. 1　　　　B. 0. 3
C. 0. 5　　　　D. 0. 7

34. 某房产分幅图的编号为 35139264840，则该图的比例尺是(　　)。
A. 1 : 200　　　　B. 1 : 500
C. 1 : 1 000　　　　D. 1 : 2 000

35. 对于城镇街坊外围界址点及街坊内明显的界址点，其检查距离与原勘测距离较差允许误差为(　　)cm。
A. ±5　　　　B. ±10
C. ±15　　　　D. ±20

36. 地籍测绘中，一级控制点最弱点的点位中误差最大不得超过(　　)cm。
A. 2　　　　B. 5
C. 8　　　　D. 10

37. 目前，地籍首级平面控制测量方法主要采用(　　)。
A. GPS 网　　　　B. 三角网
C. 导线网　　　　D. 边角网

38. 某 $100m^2$ 的宗地进行面积量算时，采用实测几何要素解析法，则该宗地面积中误差是(　　)m^2。
A. ±0. 1　　　　B. ±0. 3
C. ±0. 5　　　　D. ±0. 7

39. 绘制边界调绘图时，地貌要素用(　　)表示，各类要素符号的规格与所利用的地形图一致。
A. 绿色　　　　B. 棕色
C. 蓝色　　　　D. 黑色

40. 边界主张线标绘在边界地形图上时，应在图上用(　　)不间断表示。
A. 0. 3mm 红色虚线　　　　B. 0. 3mm 红色实线
C. 0. 1mm 红色虚线　　　　D. 0. 1mm 红色实线

41. 下列内容中，不属于航空数字遥感图像预处理的是(　　)。
A. 影像增强　　　　B. 降位处理
C. 匀光处理　　　　D. 轨道参数提取

42. 非量测摄影机可以记录的内容是(　　)。
A. 内方位元素　　　　B. 目标影像
C. 外部定向参数　　　　D. 框标

43. 摄影测量中，可用(　　)个相对定向元素来表示立体影像之间的相互位置关系。
A. 5　　　　B. 7
C. 9　　　　D. 12

44. GNSS 精密单点定位，IMU 和 GNSS 数据联合解算的平面位置偏差不应大于(　　)m。
A. 0. 1　　　　B. 0. 15
C. 0. 3　　　　D. 0. 5

45. 航线弯曲度的计算公式为(　　)。
A. $\delta=\frac{\text{最小偏移距离}}{\text{首末像主点连线长度}}$　　　　B. $\delta=\frac{\text{最大偏移距离}}{\text{首末像主点连线长度}}$
C. $\delta=\frac{\text{最小偏移距离}}{\text{首末像底点连线长度}}$　　　　D. $\delta=\frac{\text{最大偏移距离}}{\text{首末像底点连线长度}}$

46. 高层建筑多的特大城市进行航空摄影测量时，应选择在当地中午前后(　　)。
A. 1h 内　　　　B. 2h 内
C. 3h 内　　　　D. 4h 内

47. 由于地面起伏而引起的航摄像片的投影误差，下列说法中错误的是(　　)。
A. 投影误差发生在像底点的辐射线上
B. 投影误差的大小与辐射距 r 无关
C. 投影误差的大小与地面点到基准面的高差成正比
D. 投影误差与基准面的航高成反比

48. 像片控制点布设过程中，因旁向重叠较小，需要分别布点时，控制范围所裂开的垂直像片距离不得大于(　　)cm。
A. 0. 5　　　　B. 1. 0
C. 2. 0　　　　D. 3. 0

49. 下列关于高光谱遥感的说法中，正确的是(　　)。

A. 遥感影像的地面分辨率高　　B. 影像的灰度分辨率高
C. 影像的光谱分辨率高　　D. 影像的像元分辨率高

50. 热红外图像上的亮度与地物的(　　)有关。
A. 反射率大小　　B. 发射率大小
C. 反射太阳光中的红外光强度　　D. 温度高低

51. 下列航摄仪中，基于多台非量测型相机和 GPS 辅助空中三角测量制作原理的是(　　)。
A. DMC　　B. UCD
C. SWDC　　D. ADS

52. QuickBird 卫星多光谱波段的分辨率是(　　)m。
A. 1.65　　B. 1.8
C. 2.44　　D. 0.61

53. 数字摄影测量系统应用中，不需要地面控制点坐标的是(　　)。
A. 形成核线影像　　B. 数字微分纠正
C. 空中三角测量　　D. 后方交会

54. 编制两极地区的地图，一般使用的投影方法是(　　)。
A. 横轴方位投影　　B. 斜轴方位投影
C. 正轴方位投影　　D. 正轴圆锥投影

55. 数字高程模型应用中，利用数字高程模型不可以生成(　　)。
A. 等高线图　　B. 地貌晕渲图
C. 土地利用图　　D. 坡度图

56. 某点位于北纬 32°54′，东经 112°48′，图解法求该点在 1 : 25 万图幅上的编号是(　　)。
A. I50C003003　　B. I50C002002
C. I50C004004　　D. I49C004004

57. 地图的直观性主要通过(　　)来实现。
A. 地图语言　　B. 地图整饰
C. 地图综合　　D. 数学基础

58. 在地形图上，符号的(　　)可以精确地表示独立地物的实地位置。
A. 方向　　B. 主点
C. 大小　　D. 位置

59. 下列专题地图中，属于社会经济(人文)地图的是(　　)。
A. 地质图　　B. 水文图
C. 地貌图　　D. 交通图

60. 下列因素中，不属于影响地图表示方法选用依据的是(　　)。
A. 被表示物体所要求的精度和定位程度
B. 制图资料的情况
C. 地图投影的选择

D. 地图的用途和区域特点

61. 下列比例尺中，不属于图解比例尺的是(　　)。
A. 直线比例尺　　B. 斜分比例尺
C. 复式比例尺　　D. 数字比例尺

62. 专题图编制中，气温分布图主要采用的表示方法是(　　)。
A. 质底法　　B. 线状符号法
C. 范围法　　D. 等值线法

63. 等距离圆柱投影的经纬网呈现的形状是(　　)。
A. 方格网　　B. 同心圆
C. 同心圆弧　　D. 辐射状直线

64. (　　)为解决存储在关系数据库中的空间数据与应用程序之间数据接口问题。
A. 空间数据引擎　　B. 空间数据组织
C. 四叉树空间索引　　D. R 树空间索引

65. 下列描述内容中，不属于 GIS 详细设计任务的是(　　)。
A. 论述系统模块划分　　B. 选定实现模块的算法
C. 确定模块使用的数据组织　　D. 描述模块的流程逻辑

66. 下列分析方法中，不属于空间统计分类分析的是(　　)。
A. 地形分析　　B. 主成分分析
C. 系统聚类分析　　D. 判别分析

67. 空间数据库中的实体间关系主要有(　　)。
A. 邻接关系、关联关系和包含关系
B. 一对多、多对一和多对多关系
C. 层次关系、网络关系和面向对象关系
D. 定性关系、定位关系和拓扑关系

68. 下列特点中，不是栅格数据模型具有的优点是(　　)。
A. 提供有效的拓扑编码　　B. 叠加操作易实现
C. 能有效表达空间可变性　　D. 可以对图像进行增强处理

69. 关于空间数据库设计的基本原则描述错误的是(　　)。
A. 提供稳定的数据结构
B. 尽量减少空间数据存储的冗余量
C. 提供满足用户访问和查询的高效索引方式
D. 独立于实体的空间关系

70. 下列测量中，需要收集测点地区观测期间的地震地下水位变动的是(　　)。
A. 角度测量　　B. 长距离边长观测
C. GNSS 测量　　D. 绝对重力测量

71. 下列数据结构中，不属于栅格数据结构的是(　　)。

A. 游程长度编码结构　　B. 四叉树结构
C. 镶嵌数据结构　　D. 影像金字塔结构

72. 下列方法中，属于获取栅格数据的方法是(　　)。
A. 手扶跟踪数字化法　　B. 屏幕鼠标跟踪数字化法
C. 扫描数字化法　　D. 人工读取坐标法

73. 在 DEM 建立过程中，能克服地形起伏不大的地区产生数据冗余的方法是(　　)。
A. 不规则三角网　　B. 高程矩阵
C. 不规则镶嵌数据模型　　D. 数学分块法中的规则块方法

74. 数字地图制图系统包括(　　)。
A. 数据库、编辑系统、分析模型和输出系统
B. 输入系统、分析模型、编辑系统和输出系统
C. 数据库、输入系统、分析模型和输出系统
D. 数据库、输入系统、编辑系统和输出系统

75. 城市地理信息系统均采用(　　)。
A. 正轴等角圆柱投影　　B. 兰勃特投影
C. 正轴等角割圆锥投影　　D. 6°或 3°分带的高斯-克吕格投影

76. 下列内容中，不属于 B/S 体系结构的特点的是(　　)。
A. 系统灵活　　B. 较低的开发和维护成本
C. 客户端庞大　　D. 开放的标准

77. 下列叠置类型中，不属于矢量数据的叠置分析类型的是(　　)。
A. 点与线叠置　　B. 点与多边形叠置
C. 多边形与多边形叠置　　D. 线与多边形叠置

78. 导航电子地图数据的质量元素“位置精度”检测中兴趣点相对位置误差大于(　　)m 时，判定差错等级为大差错。
A. 15　　B. 20
C. 25　　D. 30

79. 导航电子地图的道路交叉点的主要功能作用是用于(　　)。
A. 路径计算　　B. 拓扑描述
C. 路径检索　　D. 背景显示

80. 在线地理信息服务系统中承担服务管理与用户管理任务的是(　　)。
A. 数据生产软件　　B. 服务发布软件
C. 运维监控系统　　D. 应用系统

二、多项选择题(每题 2 分。每题的备选选项中，有 2 个或 2 个以上符合题意，至少有 1 个是错项。错选，本题不得分；少选，所选的每个选项得 0.5 分。)

81. 规范规定，采用 Ni002 精密光学水准仪进行精密水准测量前，必须对仪器检验的

是(　　)。
A. i 角检校　　B. 十字丝的检校
C. 视距常数的测定　　D. 概略水准器的检校
E. 摆差 $2C$ 角测定

82. 关于水准仪检验，下列说法错误的是(　　)。
A. 水准仪检验，就是检验轴线之间的几何关系
B. 自动安平水准仪没有 i 角检验
C. 自动安平水准仪只需要检验圆水准器轴
D. 检验项目的顺序可以任意颠倒
E. 每项检验都应在前面检验项目合格的基础上进行

83. 测量机器人变形监测系统主要由(　　)组成。
A. 基站　　B. 参考点
C. 目标点　　D. 计算机系统
E. 控制中心

84. 下列成果质量元素中，属于地形图成果检验的是(　　)。
A. 埋石质量　　B. 数据结构正确性
C. 整饰质量　　D. 附件质量
E. 地理精度

85. 下列测量内容中，属于一般市政工程测量工作的是(　　)。
A. 道路中线测量　　B. 施工放样
C. 基础控制测量　　D. 纵横断面测量
E. 变形监测

86. 下列测量方法中，可用于精密准直测量的是(　　)。
A. 极坐标法　　B. 测小角度法
C. 交会法　　D. 引张线法
E. 激光准直法

87. 用于地理国情普查 DEM 数据生产的数据源主要分为(　　)。
A. DLG 数据　　B. LiDAR 数据
C. DEM 数据　　D. DRG 数据
E. DOM 数据

88. 现行《房产测量规范》规定，成套房屋的建筑面积包括(　　)。
A. 套内使用面积　　B. 套内墙体面积
C. 套内分摊面积　　D. 套内阳台面积
E. 1/2 外墙面积

89. 下列要素中，属于地籍图上应表示的地籍要素是(　　)。
A. 界址点　　B. 界址线

C. 行政界线　　D. 地类号

E. 控制点

90. 边界协议书附图的内容应包括(　　)、注记等，各要素应详尽表示。

A. 边界线　　B. 界桩点及相关的地形要素

C. 边界线走向说明　　D. 名称

E. 扩大图

91. 通过校检航摄仪可以获得的参数有(　　)。

A. 像主点位置　　B. 摄影机主距

C. 扫描分辨率　　D. 外方位元素

E. 摄影机重量

92. 摄影测量加密按平差范围可分为(　　)。

A. 单模型法　　B. 单航带法

C. 独立模型法　　D. 光束法

E. 区域网

93. 摄影测量中，投影差会变大的情况有(　　)。

A. 越靠近像片边缘　　B. 越靠近像片中心

C. 地面点高程越大　　D. 地面点高程越小

E. 摄影机主距越小

94. 应用数字摄影测量系统制作数字正射影像图的主要工作有(　　)。

A. 影像定向　　B. 特征点、线采集

C. 影像纠正　　D. 色彩调整

E. 影像镶嵌

95. 地图的基本特性包括(　　)。

A. 艺术性　　B. 可量测性

C. 一览性　　D. 复杂性

E. 直观性

96. 编绘地图时，对地图符号的争位矛盾可以采取的方式有(　　)。

A. 舍弃　　B. 合并

C. 移位　　D. 压盖

E. 分割

97. 在地理信息系统应用中，地理要素的空间关系查询主要有(　　)。

A. 邻接关系查询　　B. 包含关系查询

C. 关联关系查询　　D. 缓冲区关系查询

E. 属性关系查询

98. 下列服务内容中，属于地理信息网络服务内容的是(　　)。

A. 地理数据的分发　　B. 制图服务

C. 基于时间的服务　　D. 基于位置的服务

E. 查询分析与辅助决策服务

99. 专门针对导航应用需求开发的软件系统，其基本功能包括(　　)。

A. 导航电子地图数据编辑　　B. 定位与显示

C. 地图浏览查询　　D. 路线规划

E. 语音引导

100. 网络地理信息服务运行支持系统的构成主要包括(　　)。

A. 网络接入系统　　B. 服务器系统

C. 存储备份系统　　D. 安全保密系统

E. 数据采集系统

“测绘综合能力”仿真试卷六

一、单项选择题(每题 1 分，每题的备选选项中，只有 1 项符合题意。)

1. GNSS 测量中，卫星钟和接收机钟所采用的时间系统是(　　)。

A. GPS 时　　B. 恒星时

C. 国际原子时　　D. 协调世界时

2. B 级网 GNSS 点标石埋设后，宜在周围砌筑混凝土方井或原井护框，其内径视情况而定，但至少不应少于(　　)m。

A. 0.3　　B. 0.4

C. 0.5　　D. 0.6

3. 水准联测的 GNSS 点，宜分布在测区的四周和中央，联测点间距宜小于(　　) km。

A. 5　　B. 10

C. 15　　D. 20

4. 当经纬仪竖轴铅垂，视准轴垂直于横轴时，但横轴不水平，若望远镜绕横轴旋转，此时视准轴所形成的轨迹是一个(　　)。

A. 圆锥面　　B. 圆柱面

C. 倾斜面　　D. 不规则曲面

5. GNSS 点的拟合高程成果，应进行检验；当采用相应等级水准测量检查 A、B 两点间(36km)高差，其高差较差不应大于(　　)mm。

A. 72　　B. 84

C. 108　　D. 180

6. B 级 GNSS 网测量大地高中误差最大不得超过(　　)mm。

A. 10　　B. 20

C. 30　　D. 40

7. 重力垂直梯度应在墩面与离墩面(　　)m 高度处的两点之间进行测定。

A. 1.0　　B. 1.3

C. 1.6　　D. 2.0

8. 下列措施中，能有效提高水平角观测精度的是(　　)。

A. 照准目标打回光　　B. 对向观测

C. 上、下午对称观测　　D. 提高观测视线高度

9. 高程异常是(　　)相对于地球椭球面的高度(ζ)。

A. 似大地水准面　　B. 大地水准面

C. 平均海水面　　D. 理论深度基准面

10. GNSS 连续运行基准站是由 GNSS 接收机(含天线)、计算机、通信设备、(　　)及电源设备、观测墩等构成的观测系统。

A. 电阻设备　　B. 气象设备

C. 记录设备　　D. 避雷设备

11. 下列常用的时间系统中，采用原子时秒长且不是独立的时间是(　　)

A. 世界时(UT)　　B. 力学时(DT)

C. 协调时(UTC)　　D. 恒星时(ST)

12. 下列关于水准面的描述中，错误的是(　　)。

A. 水准面是一个重力场的等位面

B. 水准面会发生周期性变化

C. 水准面和重力方向线相垂直

D. 水准面是唯一的物理参考面

13. 海洋测量中，划分带宽的原则是带的界线必须和潮波的传播方向(　　)。

A. 垂直　　B. 平行

C. 成 45°斜线　　D. 任意

14. 必须利用坐标反算边长方位角作为扩展海控点基础时，边长不应小于(　　)km，且将起算点降一级使用。

A. 1　　B. 2

C. 3　　D. 4

15. 在海洋测量中，验潮站的水位应归算到(　　)上。

A. 大地水准面　　B. 深度基准面

C. 高程基准面　　D. 平均大潮面

16. 航海图一般采用的是(　　)投影。

A. 高斯　　B. 墨卡托

C. 日晷　　D. 圆锥

17. 现行《工程测量标准》规定，隧道两开挖洞口间长度为 8km，则隧道横向贯通误差限差为(　　)mm。

A. 70　　B. 100

C. 150　　D. 200

18. 以桥墩中心位置的测量误差不大于 20mm(包含控制点和放样影响两部分)作为研究桥梁控制网必要精度的起算数据，根据“控制点误差对放样点位不发生显著影响”的原则，控制点误差所引起的点位误差应不超过(　　)mm。

A. 5　　B. 8

C. 10　　D. 18

19. 按照城市规划行政主管部门下达的定线、拨地测量，其中拨地界址点相对于邻近高级控制点的点位中误差不应大于(　　)m。

A. ±0. 05　　B. ±0. 10

C. ±0. 15　　D. ±0. 20

20. 竣工总图编绘，当平面布置改变超过图上面积(　　)时，不宜在原施工图上修改和补充，应重新编制。

A. 1/5　　B. 1/4

C. 1/3　　D. 1/2

21. 下列测量工作中，不属于建设工程规划监督测量内容的是(　　)。

A. 水准测量　　B. 放线测量

C. 验收测量　　D. 验线测量

22. 下列资料中，不属于竣工测量成果的整理归档资料的是(　　)。

A. 日照测量数据　　B. 竣工总图

C. 细部点成果表　　D. 断面图

23. 工程地形图上，地物点相对于邻近图根点的点位中误差，城镇地区不应超过图上(　　)mm。

A. ±0. 6　　B. ±0. 8

C. ±1. 2　　D. ±1. 6

24. 下列联系测量方法中，可用于矿井高程联系的是(　　)。

A. 一井定向　　B. 两井定向

C. 导入高程　　D. 陀螺定向

25. 某地下管线测量项目共探查明显管线点 365 个，按《工程测量标准》通过重复探查进行质量检查，则需抽查取样点数至少为(　　)个。

A. 3　　B. 9

C. 19　　D. 25

26. 立交桥工程具有线形结构复杂、施工精度高的特点。为施工方便，一般选择独立坐标系统，并将原点选在(　　)上。

A. 工地以外的西北角　　B. 工地以外的东南角

C. 工地以外的西南角　　D. 工地以外的东北角

27. 矿山和隧道工程测量中，几何联系测量是从地面向地下传递(　　)。

A. 坐标　　B. 方位角

C. 坐标和方位角　　D. 坐标、方位角和高程

28. 下列工作内容中，不属于线路竣工测量的测量内容的是(　　)。

A. 中线测量　　B. 剖面测量

C. 高程测量　　D. 横断面测量

29. 地籍测量中困难地区隐蔽界址点，相邻界址点间距允许误差不超过(　　)cm。

A. ±5　　B. ±7. 5

C. ±10　　D. ±15

30. 下列内容中，不属于地籍调查工作内容的是(　　)。

A. 土地权属调查　　B. 地籍测绘

C. 土地登记　　D. 数据库与地籍信息系统建设

31. 地籍平面控制点相对于起算点的点位中误差应不超过±(　　)m。

A. 0. 025　　B. 0. 05

C. 0. 1　　D. 0. 15

32. 某宗地量算面积为 $100m^2$，根据《地籍测绘规范》，当采用实地量距法时，其面积中误差是±(　　)m^2。

A. 0. 5　　B. 0. 7

C. 0. 9　　D. 1. 1

33. 房产测量过程中，可用正交法测量房产要素，所利用的短边支距长度不应超过(　　)m。

A. 50　　B. 100

C. 150　　D. 200

34. 房产调查与测绘以幢为单元分户进行，其幢号一般注记在房屋轮廓线内的(　　)，并加括号表示。

A. 中心　　B. 左下角

C. 右上角　　D. 右下角

35. 能全面反映房屋及其地理位置和权属等状况的基本图是(　　)。

A. 房产分幅图　　B. 房产分丘图

C. 房产分户图　　D. 房产证附图

36. 房产测量中，不需要按照围护结构外围进行测绘的建筑物部位是(　　)。

A. 有柱走廊　　B. 无柱走廊

C. 阳台　　D. 门廊

37. 下列情形中，不计入共有建筑面积，但应参与分摊所在幢相关的共有建筑面积的是(　　)。

A. 共有的室外楼梯　　B. 权属单元的阳台

C. 人防工程　　D. 为公共事业服务的配套用房

38. 实地在界线上，选取一定数量能确定边界线走向、有明确固定位置，可在边界地形图上准确判读平面位置的地物点，称为(　　)。

A. 界标　　B. 界桩点

C. 边界点　　D. 方位点

39. 边界地形图的表现形式有纸质或数字形式，通常图内内容范围垂直界限两侧图上各为5cm是比例尺为(　　)的边界地形图。

A. 1∶5 000　　B. 1∶10 000

C. 1∶50 000　　D. 1∶100 000

40. 界桩方位物的测定，一般应在实地量测，界桩点相对于邻近固定地物点间距误差限差不大于±(　　)m。

A. 0.50　　B. 1.00

C. 1.50　　D. 2.00

41. 按照《无人机航摄安全作业基本要求》，无人机降落时，应确保无人机预定着陆半径(　　)m范围内没有非工作人员。

A. 30　　B. 50

C. 70　　D. 90

42. 摄影测量中立体像对绝对定向的元素有(　　)个。

A. 3　　B. 5

C. 7　　D. 9

43. 立体像对中同名像点必定位于(　　)上。

A. 主横线　　B. 主纵线

C. 同名核线　　D. 等比线

44. 数字影像(　　)是全数字化摄影测量的核心技术之一。

A. 相关　　B. 压缩

C. 镶嵌　　D. 配准

45. 数字摄影测量系统采用数字影像相关方法在左、右影像中寻找(　　)。

A. 像主点　　B. 像底点

C. 噪声点　　D. 同名像点

46. 将航空或卫星影像逐个像元进行纠正，生成正射影像的过程被称为(　　)。

A. 数字影像配准　　B. 数字影像镶嵌

C. 数字影像相关　　D. 数字微分纠正

47. 近景摄影测量控制的目的是将近景摄影测量网纳入给定的(　　)。

A. 像方空间坐标系　　B. 物方空间坐标系

C. 地心坐标系　　D. 传感器平台坐标系

48. 有些波段的电磁辐射通过大气后衰减较小，透过率较高，对遥感十分有利，这些波段通常称为(　　)。

A. 大气窗口　　B. 大气屏障

C. 光学厚度　　D. 辐射功率

49. 无人飞行器航摄系统应配备数传电台和地面监控站，监控半径应大于(　　)km。

A. 5　　B. 10

C. 15　　D. 20

50. 传感器在接收目标辐射时能分辨的最小波长间隔，是遥感图像的(　　)。

A. 空间分辨率　　B. 辐射分辨率

C. 波谱分辨率　　D. 时间分辨率

51. 在进行遥感图像的几何纠正时，如果采用二元二次多项式变换，则至少需要(　　)个已知控制点坐标才能变换参数。

A. 4　　B. 5

C. 6　　D. 7

52. 现行《遥感影像平面图制作规范》规定，一般情况下地物点平面位置中误差在山地和高山地不得大于图上±(　　)mm。

A. 0.50　　B. 0.75

C. 1.00　　D. 1.25

53. 为保证制作遥感图像平面图的清晰度，对于成图比例尺为1∶25万的图像地面分辨率应高于(　　)m。

A. 10　　B. 30

C. 50　　D. 70

54. 遥感图像的(　　)是指消除图像中的几何变形，产生一幅符合某种地图投影或图像表达要求的新图像过程。

A. 锐化　　B. 平滑

C. 粗加工　　D. 精纠正

55. 下列情况下，必须对航摄仪进行检定的是(　　)。

A. 距前次检定的时间超过1年　　B. 快门曝光次数超过2万次

C. 航摄仪更换部分零件　　D. 航摄仪使用时产生轻微震动

56. 1∶500~1∶2 000数字高程模型格网尺寸不应大于(　　)$M_{图}$($M_{图}$为成图比例尺分母)。

A. 0.000 5　　B. 0.001

C. 0.002　　D. 0.004

57. 三维建筑模型精细建模技术要求，模型的高度与实际物体的误差不得超过(　　)m。

A. 0.5　　B. 0.6

C. 0.8　　D. 1.0

58. (　　)是在图上用代表一定数量指标的小点表示现象的分布和数量特征的制图表示方法。

A. 范围法　　B. 点值法

C. 分级统计图法　　D. 运动线法

59. 我国百万分之一地图的投影基础是(　　)。

A. 高斯-克吕格投影　　B. 等角割圆锥投影

C. 等角方位投影　　D. 等角割圆柱投影

60. 正轴等角圆锥投影地图上某点的长度变形为 0.003 6，则该点最大面积变形为(　　)。

A. 0.003 6　　B. 0.005 4

C. 0.007 2　　D. 0.010 8

61. 在等角圆柱投影地图中，经纬线夹角为(　　)。

A. 0°　　B. 45°

C. 90°　　D. 135°

62. 东(西)半球地图一般采用的投影方式为(　　)。

A. 横轴方位投影　　B. 正轴圆锥投影

C. 正轴方位投影　　D. 横轴圆锥投影

63. 普通地图印刷采用 CMYK 四色印刷，四色指的是（　　）。

A. 红、绿、蓝、紫　　B. 红、绿、蓝、黑

C. 黄、品红、青、紫　　D. 青、品红、黄、黑

64. 在地图编绘中，当道路与水系要素发生争位时，保持水系要素的位置准确，移动道路，如果道路与水系是相离关系，最小应保持图上(　　)mm 间距。

A. 0.1　　B. 0.2

C. 0.3　　D. 0.4

65. 地形图采用分带投影的目的是(　　)。

A. 保证地图精度　　B. 便于分割图纸

C. 分幅编号的需要　　D. 便于地图使用

66. 利用 GIS 进行土地利用动态监测时，可使用的分析方法是(　　)。

A. 空间聚类　　B. 叠置分析

C. 网络分析　　D. 空间聚合

67. 在 GIS 中，明确定义空间结构关系的数学方法称为(　　)。

A. 方向关系　　B. 距离关系

C. 位置关系　　D. 拓扑关系

68. 某 5×5 栅格单元如下表所示，则表中标注方形区域的块状编码是(　　)。

A. (2 2 2 2)　　B. (1 1 2 2)

C. (3 3 2 2)　　D. (2 2 3 2)

0	2	2	5	5
2	2	2	2	2
2	2	2	3	2
0	0	2	3	3
0	0	0	3	3

69. 栅格数据表示地物的精度取决于(　　)。

A. 地物的大小　　B. 编码方法

C. 栅格尺寸的大小　　D. 数字化方法

70. 在 GIS 应用中，可用于对地理分布变化跟踪的量算方法是(　　)。

A. 长度量算　　B. 面积量算

C. 曲率量算　　D. 质心量算

71. GIS 的系统设计，一般根据设计原理采用的设计方法是(　　)。

A. 结构化方法　　B. 概念化方法

C. 物理化方法　　D. 数据流程设计

72.《基础地理信息城市数据库建设规范》规定，对于数字矢量地图数据分层的原则，下列说法描述不正确的是(　　)。

A. 同一类数据放在同一层

B. 相关数据层可组成专题

C. 有明确关系的数据层应建立关联

D. 用于制图的辅助点、线、面数据应放在不同的层

73. 基础地理信息城市数据库建设过程中，考虑数据存储和备份设备选型时，系统存储量应按照估算的总数据量配置，一般为总数据量的(　　)倍。

A. 1~1.5　　B. 2~3

C. 2.5~4.5　　D. 1.5~2.5

74. 城市地理系统数据库设计阶段，对于确定的数据模型，应用(　　)定义实体间的关系。

A. E-R 图　　B. 层次图

C. 结构图　　D. HIPO 图

75. 数据整理检查主要是针对入库的数据进行空间和属性的检查，下列检查内容中，属于属性数据检查的是(　　)。

A. 图形拓扑检查　　B. 点、线、面要素检查

C. 数据接边检查　　D. 字段非空检查

76. 下列特点中，不属于导航电子地图制作标准的是(　　)。

A. 准确性　　B. 适用性

C. 完整性　　D. 权威性

77. 为了提高 GPS 导航系统的性能，在终端导航电子地图中，数据通常以(　　)形式存储。

A. 数据库　　B. 图像形式

C. 编译物理格式　　D. 文本格式

78. 根据《导航电子地图检测规范》，导航电子地图“属性精度”的检测内容不包含(　　)。

A. 要素分类正确性　　B. 要素属性值正确性

C. 接边要素属性值正确性　　D. 要素属性项定义正确性

79. 公众版网络地理信息服务数据进行脱密处理时，对高分辨率影像进行重采样，使其分辨率不优于(　　)m。

A. 0.5　　B. 1.0
C. 1.5　　D. 2.0

80. 现行规范规定，车载导航电子地图产品的 8×8(像素)尺度的注记符号可在(　　)比例尺下显示。

A. 1∶500　　B. 1∶1 000
C. 1∶2 000　　D. 1∶5 000

二、多项选择题(共 20 题，每题 2 分。每题的备选选项中，有 2 个或 2 个以上符合题意，至少有 1 个是错项。错选，本题不得分；少选，所选的每个选项得 0.5 分。)

81. 下列关于 WGS-84 大地坐标系定义的描述中，正确的是(　　)。

A. 原点为包括海洋和大气的整个地球的质量中心
B. 它是一个地固坐标系
C. X 轴指向 1984.0 定义的零子午面和 CTP 赤道的交点
D. Z 轴是由原点指向 1984.0 定义的协定地球磁极方向
E. Y 轴与 Z 轴、X 轴构成右手正交坐标系

82. 下列措施中，可以消除或减弱大气垂直折光影响的有(　　)。

A. 前后视距尽量相等　　B. 视线离地面高度足够
C. 坡度较大地段缩短视线　　D. 相邻测站观测顺序相反
E. 有利时间内进行观测

83. 我国使用的克拉斯特型(LCR)相对重力仪，可用于测定(　　)。

A. 国家重力基准点　　B. 国家基本重力点
C. 国家一等重力点　　D. 国家二等重力点
E. 国家级重力仪标定基线长基线点

84. 针对工程测量项目，变形监测的网点可分为 (　　)。

A. 水准原点　　B. 基准点
C. 大地原点　　D. 工作基点
E. 变形观测点

85. 下列测量方法中，常用于隧道洞内平面控制测量的是(　　)。

A. GNSS 测量　　B. 导线测量
C. 三角测量　　D. 中线法
E. 三角高程测量

86. 下列内容中，属于变形监测方案制定的准则的是(　　)。

A. 描述或确定变形状态所需要的测量精度
B. 所需要的次数(观测周期)
C. 两周期间的时间间隔 Δt
D. 一周期所允许的观测时间 δ
E. 变形测量的数据处理严密性

87.《工程测量标准》规定，水坝的变形监测观测次数应及时增加的情况包括(　　)。

A. 水库首次蓄水或蓄水排空　　B. 水库达到最高水位或警戒水位
C. 水库水位发生变化　　D. 对大坝变形影响较大的高低温气象天气
E. 位移量出现增大

88. 下列要素中，需要在房产分丘平面图上表示的是(　　)。

A. 房屋层次　　B. 控制点
C. 单位名称　　D. 界址点点号
E. 墙体归属

89. 进行变更权属调查与测量前，应准备的主要资料有(　　)。

A. 变更土地登记或房地产登记申请书
B. 原宗地图和地籍图原件
C. 变更地籍调查表
D. 所有的变更数据的准备
E. 变更地籍调查通知书

90. 地籍测量中，街坊外围界址点坐标测量的方法主要包括(　　)。

A. 极坐标法　　B. 数字摄影测量
C. 图面图解法　　D. 皮尺量算法
E. GNSS 测量法

91. 数字摄影测量系统的硬件包括计算机和(　　)。

A. 立体观测及操作控制设备　　B. 辅助功能软件
C. 输入输出设备　　D. 小型机
E. 工作站

92. 航空摄影测量作业中，能够获得外方位元素的方法有(　　)。

A. 空间后方交会　　B. 相对定向-绝对定向方法
C. 解析空中三角测量　　D. POS 直接测定
E. 数字微分纠正

93. 野外像片调绘新增地物必须在调绘时进行补测，通常采用(　　)确定新增地物的位置。

A. 交会法　　B. 截距法
C. 坐标法　　D. 图解法
E. 比较法

94. 三维建筑模型的建立，通常由(　　)等技术手段获取几何信息，并根据模型精度贴加不同类型的纹理。

A. 交互式 CAD　　B. 摄影测量
C. GNSS 测量　　D. 激光扫描

E. InSAR(雷达)

95. 地图定向中，为了地形图使用的需要，规定在(　　)比例尺地形图上绘出三北方向。

A. 1∶25 000　　B. 1∶50 000

C. 1∶100 000　　D. 1∶250 000

E. 1∶500 000

96. 地理信息系统产品开发验收的依据主要有(　　)。

A. 项目技术报告　　B. 项目合同文件

C. 项目需求说明书　　D. 相关标准规范

E. 项目工作报告

97. 地理信息系统中的空间数据，基于栅格结构的空间变换包括(　　)。

A. 单点变换　　B. 线性变换

C. 邻域变换　　D. 区域变换

E. 仿射变换

98. 对于地理信息系统而言，与空间信息有关的信息模型有(　　)。

A. 矢量模型　　B. 场模型

C. 栅格模型　　D. 网络模型

E. 要素模型

99. 在地理信息系统的空间数据结构中，矢量结构的编码方式主要有(　　)。

A. 游程长度编码　　B. 四叉树编码

C. 坐标序列编码　　D. 树状索引编码

E. 二元拓扑编码

100. 导航电子地图安全审查与保密处理的内容包括(　　)。

A. 坐标脱密处理　　B. 拓扑关系处理

C. 敏感信息处理　　D. 境界审查和修改

E. 重要地物标注正确性审查

“测绘综合能力”仿真试卷七

一、单项选择题(每题 1 分，每题的备选选项中，只有 1 项符合题意。)

1. B 级网 GNSS 测量，天线定向标志线应指向正北，顾及当地磁偏角修正后，其定向误差不大于(　　)。

A. ±3°　　B. ±5°

C. ±7°　　D. ±10°

2. 2000 国家大地坐标系的原点位于(　　)。

A. 北京　　B. 西安

C. 青岛　　D. 地球的质量中心

3. 截面差是对向观测的法截线方向不相重合，法截线方向化为(　　)方向所加的改正。

A. 水平线　　B. 大地线

C. 铅垂线　　D. 重力线

4. GNSS 网观测时，对于 B 级网而言，技术规定其采样间隔为(　　)。

A. 10s　　B. 20s

C. 25s　　D. 30s

5. 如下图所示的导线测量，已知观测角中误差为 6″，*A* 至 *B* 的方位角中误差为±3″，则 *CD* 边的方位角中误差为(　　)。

A. 6.8″　　B. 7.2″

C. 9.6″　　D. 10.8″

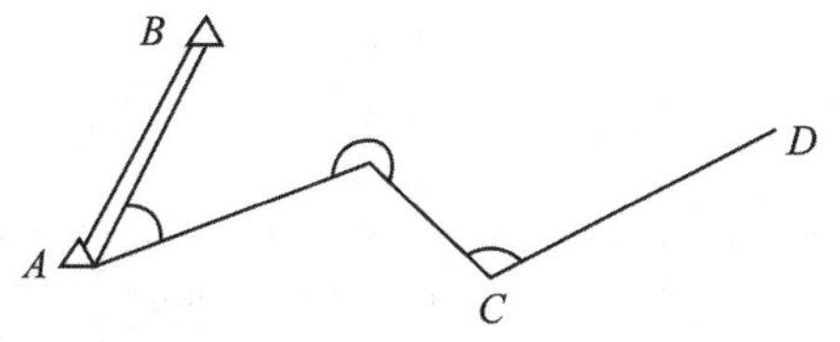

6. 过地面上某点的真子午线方向与中央子午线常不重合，两者之间的夹角称为(　　)。

A. 中央线收敛角　　B. 子午线收敛角

C. 磁偏角　　D. 子午线偏角

7. GNSS 图根控制测量，可以采用 GNSS-RTK 方法直接测定图根点的坐标，但其半径不宜超过(　　)km。

A. 1　　B. 5

C. 10　　D. 15

8. 各等级的重力点都必须测定平面坐标和高程，平面坐标和高程的测定中误差不应超过(　　)m。

A. 0.5　　B. 0.8

C. 1.0　　D. 1.5

9. 国家加密重力测量的主要任务是为在全国建立(　　)的国家基本格网的数字化平均重力异常模型进行全面重力测量。

A. 5′×5′　　B. 10′×10′

C. 15′×15′　　D. 20′×20′

10. 规范规定，二等三角测量按三角形的闭合差计算的测角中误差不超过(　　)。

A. 1.0"　　B. 1.5"

C. 2.0"　　D. 2.5"

11. 下列原则中，不属于国家等级水准网的布设原则的是(　　)。

A. 由高级到低级　　B. 从整体到局部

C. 逐级控制　　D. 保证精度

12. 全球卫星导航定位连续运行基准站网的组成部分不包括(　　)。

A. 数据中心　　B. GNSS

C. 数据通信网络　　D. 基准站

13. 似大地水准面精化过程中，数字高程模型应使用精度不低于国家 1：5 万比例尺 DEM 数据，且格网间距不大于(　　)。

A. 10m×10m　　B. 20m×20m

C. 25m×25m　　D. 30m×30m

14. 航海图编绘时，当制图区域 60%以上的地区纬度高于 75°时采用(　　)。

A. 墨卡托投影　　B. 高斯-克吕格投影

C. 方位投影　　D. 日晷投影

15. 根据《海洋工程地形测量规范》，1：2 000 丘陵地的基本等高距为(　　)m。

A. 0.5　　B. 1.0

C. 2.0　　D. 2.5

16. 验潮站的水尺零点与工作水准点之间的高差，按(　　)方法测定。

A. 二等水准测量　　B. 三等水准测量

C. 四等水准测量　　D. 等外水准测量

17. 海岸线形状的化简应遵循“扩大陆地、缩小海域”的原则，其中岸线性质的概括方法不包括(　　)。

A. 删除　　B. 夸大

C. 合并　　D. 转换

18. 航海图编绘各类要素作业完成后，除按制图综合原则进行的位移外，对水深注记、线状要素的图上位置要求位置偏差不大于(　　)mm。

A. 0.2　　B. 0.3

C. 0.4　　D. 0.5

19. 地下管线调查中，假设管线埋深为 2.5m，根据现行《工程测量标准》，该隐蔽管线点探查的水平位置偏差和埋深较差要求分别满足(　　)cm。

A. 25，37.5　　B. 37.5，25

C. 25，25　　D. 37.5，37.5

20. 现行《工程测量标准》规定，两开挖洞口间长度 L 为 4km≤L<8km 的隧道工程的相向施工中线在贯通面上的横向贯通误差不应大于(　　)mm。

A. 100　　B. 150

C. 200　　D. 250

21. 在变形观测的精度要求中，要求最高指标的是(　　)。

A. 相邻变形观测点的高差中误差

B. 变形观测点的高程中误差

C. 变形观测点的点位中误差

D. 相邻变形观测点的点位中误差

22. 对于未设竖井和斜井的隧道，设总的横向贯通误差的限差为 200mm，则地面控制所引起的横向贯通中误差的允许值为(　　)mm。

A. 142　　B. 71

C. 116　　D. 58

23. 大型精密设备安装测量控制网的点位中误差通常要求在(　　)mm 以内。

A. 10^{-6}　　B. 10^{-7}

C. 0.1　　D. 1.0

24. 工业厂房及一般建筑物的竣工测量内容包括(　　)，测量各种管线进出口的位置和高程，并附房屋编号、构层数、面积和竣工时间等资料。

A. 布设竣工测量控制网　　B. 测设房屋轴线

C. 测设房角点　　D. 测量房角坐标

25. 地下管线测量中管线点相对于邻近控制点的测量点位中误差不应大于(　　)cm。

A. 2　　B. 3

C. 4　　D. 5

26. 陀螺经纬仪在地理南北纬度不大于(　　)的范围内，一般不受时间和环境等条件限制，可实现快速定向。

A. 55°　　B. 65°

C. 75°　　D. 85°

27. 如下图所示，用活动觇牌法观测 i 点偏离 AB 基准线的 d 照准误差为 1.5″，L = 300m，

$S=200$m，则一测回测定 d 的中误差为(　　)mm(A 点放经纬仪)。

A. 1.45　　B. 1.50

C. 2.90　　D. 2.95

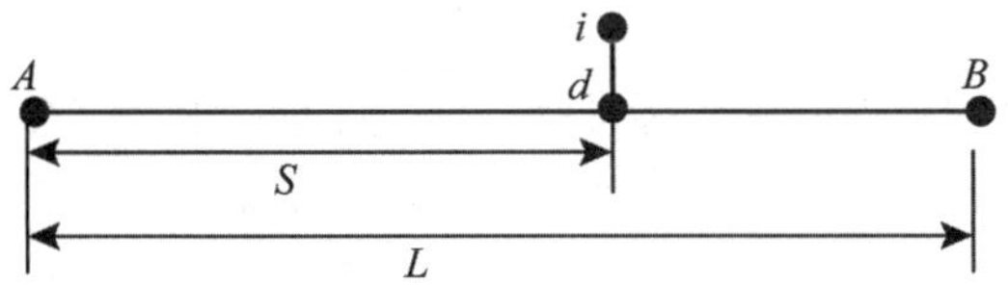

28. 下列质量元素中，不属于工程地形图质量检验成果质量元素的是(　　)。

A. 埋石质量　　B. 数据结构正确性

C. 整饰质量　　D. 附件质量

29. 全国地理国情普查中，高层、多层甚至低矮房屋组合为一体的独立房屋建筑，应按(　　)归类。

A. 高度最高的房屋建筑所属类型

B. 面积最大的房屋建筑所属类型

C. 建筑价值最大的房屋建筑所属类型

D. 建筑密度最大的房屋建筑所属类型

30. 地籍铅笔原图的基本精度要求是，相邻界址点间距、界址点与邻近地物点关系距离的中误差不得大于图上±(　　)mm。

A. 0.3　　B. 0.4

C. 0.5　　D. 0.6

31. 面积量算是指(　　)量算，其内容包括地块面积和土地利用面积量算。

A. 水平面积　　B. 地块表面积

C. 水平面积和地块面积　　D. 水平面积或地块表面积

32. 采用图解法量算土地面积时，较差在限差之内，取两次量算均值。两次面积较差应满足(　　)。M 为比例尺分母，p 为量算面积，m^2。

A. $\Delta \leqslant 10^{-3}M\sqrt{p}$　　B. $\Delta \leqslant 10^{-4}M\sqrt{p}$

C. $\Delta \leqslant 3\times10^{-3}M\sqrt{p}$　　D. $\Delta \leqslant 3\times10^{-4}M\sqrt{p}$

33. 测定房屋四至归属及丈量房屋边长、计算面积，要绘制(　　)。

A. 房产分幅立面图　　B. 房产分幅平面图

C. 房产分丘图　　D. 房产分户平面图

34. 下列建筑物中，在计算共有建筑面积时不用参与分摊的是(　　)。

A. 共有电梯间　　B. 共有地下室

C. 门斗　　D. 共用休息亭

35. 某套房屋的产权面积为 $100m^2$，套内面积为 $80m^2$，分摊共有的面积为 $20m^2$，则该房屋的分摊系数为(　　)。

A. 0.20　　B. 0.25

C. 0.30　　D. 0.35

36. 现行房产测量规范规定，外业像片调绘房产要素时，应用(　　)标注。

A. 红色　　B. 绿色

C. 黑色　　D. 棕色

37. 某省级行政区域界线位于地形地物稀少地区。按现行界线测绘规范，边界协议书附图比例尺最佳的是(　　)。

A. 1∶5 000　　B. 1∶10 000

C. 1∶25 000　　D. 1∶50 000

38.《行政区域界线测绘规范》规定，边界调绘的地物点对野外控制点的平面误差不应大于图上±(　　)mm。

A. 0.1　　B. 0.3

C. 0.5　　D. 0.7

39. 边界协议书附图是描述边界线地理位置的法律图件。其界桩点的最大展点误差和补调的与确定有关的地物点相对于邻近固定地物点的间距中误差分别为(　　)mm。

A. 0.1、0.3　　B. 0.2、0.5

C. 0.3、0.7　　D. 0.4、1.0

40. 摄影测量中一个立体像对共有(　　)个外方位元素。

A. 6　　B. 9

C. 12　　D. 18

41. 下列地形类别中，航空摄影前宜布设人工地面标志的是(　　)。

A. 城区　　B. 农田

C. 菜地　　D. 荒漠区

42. 在城区进行航空摄影测量时，为有效减小航摄影像上投影差的影响，应选择(　　)。

A. 窄角　　B. 常角

C. 宽角　　D. 特宽角

43. 用一个 40 线对/mm 动态分辨率的系统拍摄 1∶5 万比例尺的像片，其地面解像距离为(　　)m。

A. 0.25　　B. 0.75

C. 1.25　　D. 1.75

44. 一个像对立体模型的绝对定向至少需要(　　)控制点。

A. 3 个平面点　　B. 3 个平高点

C. 4 个平高点　　D. 2 个平高点和 1 个高程点

45. 若像片 23cm×23cm 航向重叠度为 60%，摄影机焦距 150mm 相对航高3 000m，则实地摄影基线长度为(　　)km。

A. 1.84　　B. 2.76

C. 3.68　　D. 4.60

46. 现行《遥感影像平面图制作规范》规定，对于彩色遥感影像平面图制作一般选择不少于(　　)个波段的多光谱影像。

A. 3　　B. 4

C. 5　　D. 6

47. 遥感图像(　　)的目的在于消除各种干扰噪声，使图像中高频成分消退，处理图像的细节，降低反差，保存低频成分。

A. 锐化　　B. 数字化

C. 平滑　　D. 融合

48. 数字正射影像图(DOM)的地面分辨率在一般情况下不应大于(　　)$M_{图}$($M_{图}$为成图比例尺分母)。

A. 10^{-1}　　B. 10^{-2}

C. 10^{-3}　　D. 10^{-4}

49. 在平坦地区进行航空摄影测量时，一般要求太阳高度角应大于(　　)。

A. 20°　　B. 30°

C. 40°　　D. 45°

50. IKONOS-2 遥感传感器的成像方式是(　　)。

A. 单线阵推扫式成像　　B. 双线阵推扫式成像

C. 三线阵推扫式成像　　D. 面阵推扫式成像

51. 航空摄影测量中，航摄设计的设计用图比例尺主要取决于(　　)。

A. 测区地形情况　　B. 摄影季节

C. 成图比例尺　　D. 摄影比例尺

52. 遥感影像的直方图均值较小，方差较大，说明(　　)。

A. 影像较暗，对比度较大　　B. 影像较亮，对比度较大

C. 影像较暗，对比度较小　　D. 影像较亮，对比度较小

53. 航测成图规范规定，采用影像匹配方法进行特征点匹配，平地特征点匹配格网尺寸不应大于(　　)像素。

A. 10×10　　B. 15×15

C. 20×20　　D. 25×25

54. 机载 LiDAR 系统可以直接获取地球表面的(　　)。

A. DOM　　B. DRG

C. DSM　　D. DLG

55. 在资源遥感卫星传感器的设计中，一般不采用的电磁波波段是(　　)。

A. 可见光　　B. 红外线

C. 紫外线　　D. 微波

56. SPOT-5 全色波段影像的最高空间分辨率为(　　)m。

A. 2.5　　B. 5

C. 7.5　　D. 10

57. 航空摄影测量中最适宜在 3D 模型建设中采用的新技术是(　　)。

A. 机载激光扫描技术　　B. GPS

C. 机载侧视雷达技术　　D. POS

58. 在双标准纬线等角圆锥投影中，标准纬线 ϕ_1 和 ϕ_2 处的纬线长度比是(　　)。

A. $n_1>1$，$n_2<1$　　B. $n_1<1$，$n_2>1$

C. $n_1<0$，$n_2>0$　　D. $n_1=1$，$n_2=1$

59. 定点符号法和分区统计图表法的最大区别在于(　　)。

A. 所使用的符号样式不一样　　B. 所表示的数据范围不同

C. 所使用的符号颜色不一样　　D. 所表示的数据类型不同

60. 在轮廓界线内用填充颜色、网纹、符号、注记等方式，表示连续分布、布满于整个地区的面状现象质量特征的方法是(　　)。

A. 质底法　　B. 点数法

C. 范围法　　D. 等值线法

61. 1∶50 万比例尺地形图上绘制经纬网的格网间隔是(　　)。

A. 20′×10′　　B. 30′×15′

C. 15′×10′　　D. 30′×20′

62. 下列要求中，不属于图形形状简化的基本要求的是(　　)。

A. 保持轮廓图形的基本特征

B. 保持弯曲转折点的相对精确度

C. 保持不同地段弯曲程度的对比

D. 保持轮廓图形的不变

63. 如下图所示的不依比例尺“移动通信塔”符号(放大图)的定位点位于(　　)。

移动通信塔

A. 符号顶端　　B. 符号几何中心点

C. 符号底端　　D. 圆圈中心

64. 一般来讲，制图综合中，取舍和概括的工作顺序为(　　)。

A. 先取舍后概括　　B. 先概括后取舍

C. 同时进行　　D. 依个人习惯

65. 动物活动区域往往是在距它们生存所需的水源或栖息地一定距离的范围内，根据这一规律进行野生动物栖息地的评价中，可采用的空间分析方法是(　　)

A. 缓冲区分析　　B. 资源定位与分配分析

C. 网络分析　　D. 叠置分析

66. GIS 空间数据的误差可分为源误差和处理误差，下列属于源误差的是(　　)。

A. 几何纠正误差　　B. 坐标变换误差

C. 属性数据编辑误差　　D. 地图数字化误差

67. 下列方式中，不属于栅格数据的获取方式的是(　　)。

A. 遥感数据　　B. 跟踪数字化数据

C. 图片扫描　　D. 矢量数据转换

68. 下列空间拓扑关系中，空间图形中弧段之间的拓扑关系是(　　)。

A. 邻接关系　　B. 关联关系

C. 包含关系　　D. 连通关系

69. 有一点实体 P，其矢量坐标为 $P(16.5, 13.4)$，若网格的宽与高都是 3，则 P 点栅格化的行列坐标为(　　)。

A. $P(6, 4)$　　B. $P(4, 6)$

C. $P(5, 6)$　　D. $P(6, 5)$

70. 下列内容中，不属于数据库模式创建优化指标的是(　　)。

A. 单位时间内所访问的逻辑记录个数要少

B. 分析用户活动涉及数据尽量要少

C. 单位时间内数据传送量要少

D. 系统占用的存储空间尽量要少

71. 数据库设计中对数据物理设计进行评价中不包括(　　)。

A. 分析时间效率　　B. 分析确定系统配置

C. 分析空间效率　　D. 维护代价及用户要求

72. 下列对于网络分析的说法中，错误的是(　　)。

A. 资源分配网络模型，由分配中心及状态属性和网络组成

B. 网络分析中的动态分段技术，可以标出这条路上公里点或定位某一公路某点

C. 网络分析的目的是分析出距离最短路径

D. 距离最短、时间最快、费用最低能同时满足

73. 在 GIS 项目开发过程中，需要对所开发的 GIS 软件进行软件测试，首先应进行(　　)，然后再进行组装测试，最后再进行有效测试。

A. 单元测试　　B. 系统测试

C. 集成测试　　D. 确认测试

74. 导航电子地图显示的点状符号以像素值为单位，根据设备的显示能力，其显示最大尺寸为(　　)。

A. 8×8 像素　　B. 16×16 像素

C. 32×32 像素　　D. 64×64 像素

75. 下列特点中，不属于电子地图所具有的是(　　)。

A. 动态性　　B. 交互性

C. 空间分析能力强　　D. 无极缩放

76. 导航电子地图数据室内作业中，注记的确定，可以参考国家(　　)的地名库。

A. 1∶1 万　　B. 1∶2.5 万

C. 1∶5 万　　D. 1∶10 万

77. GPS 和(　　)系统组合构成的定位导航模块可很好地解决短时间内丢失 GPS 信号的问题，隧道内和地下停车场内也可以连续输出位置坐标，不会出现定位盲区。

A. 航位推算　　B. 惯性导航

C. 陀螺定位　　D. 室内定位

78. GPS 导航系统中，对于驾驶员最安全的导引方式是(　　)。

A. 视频引导　　B. 图像引导

C. 语音引导　　D. 图形引导

79. 下列检查工作中，不属于导航电子地图数据检查验收内容的是(　　)。

A. 理论检查　　B. 逻辑检查

C. 实地验证　　D. 国家审图

80. 传统的分布式计算和云计算的主要区别在于(　　)。

A. 能否弹性调度　　B. 是否具备强大的计算能力

C. 能否支持并行计算　　D. 是否分布式部署

二、多项选择题(每题 2 分。每题的备选选项中，有 2 个或 2 个以上符合题意，至少有 1 个是错项。错选，本题不得分；少选，所选的每个选项得 0.5 分。)

81. 下列特点中，属于横轴墨卡托投影所具有的是(　　)。

A. 中央子午线投影长度比为 1　　B. 中央子午线投影长度比为 0.999 6

C. 没有角度变形　　D. 两割线内长度变形为负

E. 同一点不同方向长度变形不相等

82. 精密水准测量中，保持前后视距相等可以消除或减弱(　　)引起的误差。

A. i 角　　B. 调焦镜运行

C. 地球弯曲差　　D. 大气折光差

E. 竖轴不垂直

83. 下列关于一、二等重力点联测的说法中，正确的是(　　)。

A. 一等重力点联测路线应组成闭合环或附合在两基本点间

B. 观测过程中仪器停放超过 2h，停放点可以继续观测

C. 一等重力点联测路线一般在 24h 内闭合

D. 二等重力点联测起算点为重力基本点、一等重力点或引点

E. 二等重力点联测路线每条测线一般在 24h 内闭合

84. 建立坝身平面控制网的主要步骤是(　　)。

A. 测设平行于坝轴线的控制线　　B. 测设坝轴线

C. 测设垂直于坝轴线的控制线　　D. 测设基线

E. 与国家控制网联测

85. 水平角观测方法有测回法和方向观测法，其观测限差有所不同，方向观测法的限差有(　　)。

A. 半测回归零差　　B. 半测回较差
C. 一测回 2C 互差　　D. 同方向各测回互差
E. 各测回角值互差

86. 变形测量方案技术设计书应该包括变形测量的内容、精度级别、基准点与变形点布设方案、(　　)、提交成果内容等。

A. 观测周期　　B. 观测方法和仪器设备
C. 观测成本　　D. 数据处理分析方法
E. 观测人员组成

87. 工程控制网的布网原则有(　　)。

A. 要有统一的规格　　B. 控制网精度高，控制范围小
C. 要有足够的精度和可靠性　　D. 要有足够的点位密度
E. 分级布网，逐级控制

88. 下列方法中，可用于海洋航行障碍物探测的是(　　)。

A. 侧扫声呐探测　　B. 单波束加密探测
C. 重力仪探测　　D. 扫海具探测
E. 磁力仪探测

89. 某新建 24 层商住一体楼含地下 2 层车库，不计算建筑面积的建筑部位是(　　)。

A. 楼梯间、电梯(观光梯)井、提物井、垃圾道、管道井
B. 高度为 2.3m 的 2 层地下车主库
C. 1~3 层商铺高为 1.8m 的夹层、插层和技术层
D. 突出房屋墙面的构件、配件、装饰柱
E. 大楼天面上的花园

90. 下列要素中，属于地籍图上应表示的数学要素是(　　)。

A. 内外图廓线　　B. 坐标格网线
C. 地理名称　　D. 地籍子区界线
E. 坐标系统

91. 下列关于边界线标绘的技术要求中，描述正确的是(　　)。

A. 边界线在图上用 0.3mm 红色实线不间断表示
B. 界桩符号用直径 1.5mm 红色小圆圈表示
C. 边界线在图上用 0.3mm 蓝色虚线间断表示
D. 界桩号用棕色注出
E. 界桩号用红色注出

92. DOM 制作过程中，需对原始影像的灰度值进行重采样，可采用的方法有(　　)。

A. 最邻近像元法　　B. 相关系数法
C. 双线性插值法　　D. 移动曲面拟合法
E. 双三次卷积法

93. 利用数字微分纠正制作正射影像图必须已知的要素有(　　)。

A. 影像的内定向参数　　B. 外方位元素
C. 摄影测量加密成果　　D. 摄影比例尺
E. DEM

94. 遥感图像增强常用的方法有(　　)。

A. 代数变换　　B. 反差增强
C. 滤波　　D. 彩色变换
E. 数字纠正

95. 下列地形要素中，在地形图上以几何图形符号的中心点表示实物物体的中心位置的是(　　)。

A. 水准点　　B. 独立房屋
C. 独立树　　D. 气象站
E. 发电站

96. 下列要素中，属于地图的数学要素的是(　　)。

A. 坐标网　　B. 地理精度
C. 控制点　　D. 比例尺
E. 地图定向

97. 建设基础地理信息城市数据库，数据入库前的检查依据主要有(　　)。

A. 数据生产技术设计书　　B. 数据生产技术总结
C. 数据检查报告　　D. 数据验收报告
E. 数据技术要求

98. 栅格数据转换为矢量数据的主要步骤包括(　　)。

A. 二值化　　B. 细化
C. 追踪　　D. 拓扑化
E. 特征提取

99. 下列内容中，车载导航电子地图产品主要的索引信息至少应包括(　　)。

A. 背景信息　　B. 兴趣点信息
C. 地形信息　　D. 地址信息
E. 路网信息

100. 网络地理信息服务在线地理信息数据的源数据包括(　　)。

A. 矢量数据　　B. 地下管网数据
C. 影像数据　　D. 地理监测数据
E. 地理实体数据

"测绘综合能力"仿真试卷八

一、单项选择题(每题 1 分，每题的备选选项中，只有 1 项符合题意。)

1. 使用 N 台(N>3)GNSS 接收机进行同步观测所获的 GNSS 边中，同步基线数是(　　)。

A. N　　B. $N-1$

C. $N(N+1)/2$　　D. $N(N-1)/2$

2. 利用 3 台 GNSS 接收机观测四点 GNSS 控制网，边连式观测两个时段，那么此时独立基线数是(　　)。

A. 3　　B. 4

C. 5　　D. 6

3. GNSS 外业数据质量检核时，同一时段观测值的数据剔除率不宜大于(　　)。

A. 5%　　B. 10%

C. 15%　　D. 20%

4. 在下列地理要素中，属于地形图上地物要素的是(　　)。

A. 湖泊　　B. 陡坎

C. 高山　　D. 等高线

5. 下列参数中，不属于 CGCS2000 采用的地球椭球参数是(　　)。

A. 椭球体长半径　　B. 参考历元

C. 扁率　　D. 地心引力常数

6. 某点在高斯 6°带的坐标表示为 X_A=3 026 255m，Y_A=20 478 561m，则该点所在 3°带号及其中央子午线经度为(　　)。

A. 39、117°　　B. 39、120°

C. 40、120°　　D. 38、114°

7. 二等精密水准测量测站限差规定检测间歇点高差之差应满足(　　)mm。

A. ≤1.0　　B. ≤2.0

C. ≤3.0　　D. ≤4.0

8. 下列措施中，不能消除或削弱多路径效应对 GNSS 定位影响的是(　　)。

A. 避免在大面积水域附近进行 GNSS 测量

B. 测定气象因素

C. 延长观测时间

D. 使用带抑径板的天线

9. 某幅 1∶1 000 比例尺地形图，西南角图廓点坐标 x=82 500m，y=15 500m，则该图幅编号正确的是(　　)。

A. 15.5-82.5　　B. 82.5-15.5

C. 82.50-15.50　　D. 15.50-82.50

10. 下列情况中，不宜采用测距三角高程法进行跨河水准测量的是(　　)。

A. 风力微和、气温变化较小的阴天

B. 雨后初晴

C. 日落后 1h 起至日出前 1h 止

D. 日出后 1h 起至太阳中天前 2h 止

11. RTK 图根点高程的测定，由流动站测得的大地高减去流动站的(　　)获得。

A. 高程异常　　B. 仪器高

C. 大地水准面差距　　D. 棱镜杆高

12. 由 A 点（H_A=417.298m）经 Q 点至 B 点（H_B=413.460m）进行水准测量，得各段高差和距离如下图所示，由此算得 Q 点的高程为(　　)m。

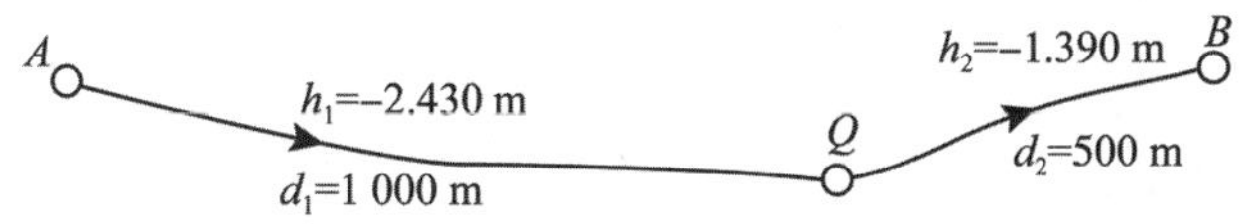

A. 414.868　　B. 414.850

C. 414.856　　D. 414.859

13. 用回声测深仪进行深度测量时，测深 Z 范围为(50，100]，其深度测量极限误差(置信度 95%)为(　　)。

A. ±0.4　　B. ±0.6

C. ±0.8　　D. ±1.0

14. 下列方法中，不用于短期验潮站和临时验潮站深度基准面确定的是(　　)。

A. 潮差比法　　B. 平行线法

C. 几何水准测量法　　D. 最小二乘曲线拟合法

15. 下列关于航海图分幅的主要原则和方法的说法中，错误的是(　　)。

A. 尽量减少图幅的数量　　B. 总图要保持制图区域的相对完整

C. 航海图采用自由分幅　　D. 同比例尺航行图在全国范围内必须连续

16. 码头泊位电子海图编辑比例尺最小为(　　)。

A. 1∶10 000　　B. 1∶50 000

C. 1∶5 000　　D. 1∶100 000

17. 下列测量方法中，一般不用于工程高程控制网施测的是(　　)。

A. 水准测量　　B. GNSS 拟合高程测量

C. 三角高程测量　　D. 导线测量

18. 经过测量形成的地形图应经过内业检查、实地的全面对照及实测检查。实测检查量不应少于测图工作量的(　　)。

A. 10%　　B. 20%

C. 30%　　D. 40%

19. 地形图的基本等高距应按地形类别和测图比例尺进行选择，对于 1： 2 000 的丘陵地形图应该选择(　　)m 为基本等高距。

A. 0.5　　B. 1.0

C. 2.0　　D. 2.5

20. 地形图测量中，图根点相对于邻近等级控制点的点位中误差不应大于图上的(　　)mm。

A. 0.1　　B. 0.3

C. 0.5　　D. 0.7

21. 相关规范规定，1∶1 000 平坦开阔地区采用模拟法测图时每平方千米图根点的个数应为(　　)个。

A. 20　　B. 30

C. 40　　D. 50

22.《工程测量标准》规定，地形图修测时新增地物与原有地物的间距中误差不得超过图上±(　　)mm。

A. 0.3　　B. 0.4

C. 0.5　　D. 0.6

23. 竣工总平面图以现场测绘绘制为主，设计图结合室内编绘为辅，一般选用的比例尺为(　　)。

A. 1∶500　　B. 1∶1 000

C. 1∶2 000　　D. 1∶5 000

24. 利用建筑物或构件的顶部与底部之间的竖向通视条件进行主体倾斜观测，宜选用(　　)。

A. 投点法　　B. 正、倒垂线法

C. GNSS 动态测量　　D. 前方交会法

25. 坐标反算就是根据直线的起、终点坐标，计算直线的(　　)。

A. 斜距、水平角　　B. 水平距离、水平角

C. 斜距、方位角　　D. 水平距离、方位角

26. 设地面上有 A、B 两点，A 为后视点，B 为前视点，测得后视读数为 a，前视读数为 b，若使 A、B 两点间的高差 h_{AB} 大于零，则(　　)。

A. $a<b$　　B. $a>b$

C. $a=b$　　D. $a \leq b$

27. 某丘陵地区 1∶1 000 比例尺地形图的基本等高距为 1m，GNSS-RTK 测图，不同参考站作业时，流动站应检测一定数量的地物重合点，检核点的高程较差不应大于(　　)m。

A. 0.1　　B. 0.2

C. 0.3　　D. 0.4

28. 现行《工程测量标准》规定，铁路、二级及以下公路的高程控制测量中，水准路线应每隔(　　)km 与高等级水准点联测一次。

A. 15　　B. 20

C. 25　　D. 30

29. 对于相向施工的特长隧道，应采取提高横向贯通测量精度的方法，其中最佳的测量措施是(　　)。

A. 导线进行往返测　　B. 采用精密经纬仪测角

C. 增大导线边长　　D. 加测陀螺边

30. 房产测量统一采用(　　)。

A. 高斯投影　　B. 墨卡托投影

C. UTM 投影　　D. 兰勃特投影

31. 下列建筑部位中，计算房屋面积时只计算一半的是(　　)。

A. 挑楼、全封闭的阳台

B. 属永久性结构有上盖的室外楼梯

C. 与房屋相连的有柱走廊，两房屋间有上盖和柱的走廊

D. 与房屋相连有上盖无柱的走廊、檐廊

32.《房产测量规范 第 2 单元：房产图图式》规定，矩形符号的定位中心应该在符号的(　　)。

A. 左上角　　B. 左下角

C. 对角线交点　　D. 右下角

33. 绘制房产图时，县级以上和使用面积大于图上(　　)cm^2的单位名称应注记。

A. 50　　B. 100

C. 150　　D. 200

34. 下列房屋或用地状况发生变化的情形中，不属于现状变更测量的是(　　)。

A. 房屋的新建、拆迁、改建、扩建，房屋建筑结构、层数的变化

B. 房屋的损坏与灭失、包括全部拆除或部分拆除、倒塌和烧毁

C. 围墙、栅栏、篱笆、铁丝网等维护物以及房屋附属设施的变化

D. 征拨、出让、转让土地而引起的土地权属界线的变化

35. 街坊内各宗地面积之和与街坊面积误差小于(　　)时，将误差按面积分配到各宗地，得出平差后的各宗地面积。

A. 1/50　　B. 1/100

C. 1/200　　D. 1/250

36. 同一街道、街坊、宗地被两幅以上分幅地籍图分割时，应(　　)。

A. 分别进行编号并注记

B. 根据需要分别注记或注记同一地籍号

C. 注记同一地籍号

D. 街道、街坊注记同一地籍号，宗地分别编号

37. 地籍测绘成果档案的编号以(　　)为单位，由市、县代号、类目代号和案卷顺序号三部分组成。

A. 省　　B. 市

C. 县　　D. 乡镇

38. 地籍调查过程中，按我国现行土地利用现状分类，编码“1201”代表的是(　　)。

A. 空闲地　　B. 设施农用地

C. 田坎　　D. 盐碱地

39. 边界地形图修测进行调绘图的绘制，地貌要素一般用(　　)表示。

A. 绿色　　B. 棕色

C. 蓝色　　D. 黑色

40. 边界走向说明中涉及的方向，采用的16方位值是以(　　)为基准进行描述的。

A. 真北方向　　B. 磁北方向

C. 坐标北方向　　D. 任意假设方向

41. 根据《无人机航摄安全作业基本要求》，起降场选址应满足距离军用、商用机场在(　　)km以上。

A. 5　　B. 8　　C. 10　　D. 15

42. 下面的公式是高层建筑物密集的大城市进行航摄时间选择的公式(T_φ为摄区的地方时)，其中h_θ表示(　　)。

$$T_\varphi = 12^h - \sqrt{\frac{1 - \cos t_\theta}{0.03}}$$

$$\cos t_\theta = \frac{h_\theta - \delta_\theta}{90^\circ - \varphi}$$

A. 摄区当地正午时间

B. 太阳时角，单位为度(°)

C. 摄影要求的太阳高度角，单位为度(°)

D. 摄影日期的太阳赤纬，单位为度(°)

43. (　　)指衡量摄影机成像系统对黑白相间、宽度相等的线状目标影像分辨的能力，以每毫米线对数表示。

A. 数字影像分辨率　　B. 胶片影像分辨率

C. 扫描影像分辨率　　D. 像元线分辨率

44. 航测立体测图的方法有模拟法、解析法和(　　)立体测图。

A. 数字化　　B. 解析空三导入

C. 先外后内　　D. 先内后外

45. 平高区域网布点方案要求每条航线两端(　　)布设高程点。

A. 可以　　B. 一般

C. 必须　　D. 不能

46. 对航空摄影机进行检验的主要目的之一是精确获得摄影机的(　　)值。

A. 内方位元素　　B. 变焦范围

C. 外方位线元素　　D. 外方位角元素

47. 将POS和航摄仪集成，可通过IMU测定航摄仪的(　　)。

A. 空间位置　　B. 内方位元素

C. 姿态参数　　D. 外方位元素

48. 遥感图像降位处理的目的是(　　)。

A. 去除噪声　　B. 去除薄云

C. 增强纹理　　D. 将影像灰度转换至0~255之间

49. 遥感影像能被判读的基础是(　　)。

A. 不同地物反射的电磁波不同　　B. 不同地物的颜色不同

C. 不同地物的体积不同　　D. 不同地物的位置不同

50. 地物的反射波谱特性曲线是利用遥感图像进行地物分类、识别的重要依据，它反映了地物的(　　)随波长的变化规律。

A. 发射率　　B. 反射率

C. 透射率　　D. 辐射功率

51. 航摄分区的划分，确定分区最小跨度的主要因素是(　　)。

A. 摄区地貌类型　　B. 内业加密方法

C. 成图比例尺　　D. 外业布点方案

52. 航测立体测图在等倾斜地段，相邻两条计曲线间隔距离在图上小于(　　)mm时，可只测绘计曲线，首曲线可以插绘。

A. 3　　B. 4

C. 5　　D. 6

53. 下列对于航线敷设原则的描述中，不符合规范要求的是(　　)。

A. 航线飞行方向一般设计为东西向，特定条件下亦可设计成南北向或任意方向飞行

B. 位于摄区边缘的首末航线应设计在摄区边界线上或边界线外

C. 当相邻航线重叠度不能保证满足要求的情况时，应调整航摄比例尺

D. 沿图幅中心线敷设航线时，平行于航摄飞行方向的测区边缘可不用外延一条航线

54. 根据《可量测实景影像》，相邻可量测实景成像间隔应在(　　)m以内。

A. 6　　B. 8

C. 10　　D. 12

55. DLG生产中，立体影像对的相对定向应以(　　)衡量其精度是否满足要求。

A. 框标坐标量测误差　　B. 定向点残余上下视差

C. 定向点平面位置误差　　D. 定向点高程误差

56. 利用数字摄影测量系统生产平地和丘陵地 1∶2 000 DLG 时，要求地物点相对附近外业控制点平面位置中误差不得大于图上(　　)mm。

A. 0. 2　　B. 0. 4

C. 0. 6　　D. 0. 8

57. 在解析空中三角测量中，(　　)最便于引入非摄影测量附加观测值。

A. 航带法　　B. 独立模型法

C. 区域网法　　D. 光束法

58. 地貌注记中，山脉名称通常采用(　　)注出。

A. 水平字列　　B. 垂直字列

C. 屈曲字列　　D. 雁行字列

59. 下列地貌表示方法中，地形图中通常采用的地貌表示方法是(　　)。

A. 晕渲法　　B. 分层设色法

C. 等高线法　　D. 写景法

60. 如果地图成果数据需要印刷，制作地图数据时要将色彩模式设置为(　　)色彩模式。

A. RGB　　B. CMYK

C. HSB　　D. LAB

61. 对于(　　)及以上比例尺地形图而言，南北两边的图廓可视为直线。

A. 1∶25 万　　B. 1∶5 万

C. 1∶10 万　　D. 1∶50 万

62. 东经 125°，北纬 39°所在的 1∶100 万的地图编码为(　　)。

A. J51　　B. J52

C. H51　　D. H52

63. 下列专题地图表示方法中，最适用于像地形起伏、气温、降水、地表径流等布满整个制图区域的均匀渐变的自然现象的是(　　)。

A. 等值线法　　B. 运动线法

C. 定点符号法　　D. 质底法

64. GIS 总体设计阶段的主要任务是(　　)。

A. 将系统需求转换为数据结构和软件体系结构

B. 把系统的功能需求分配给软件结构

C. 将系统中的信息形成独立于计算机的用以反映用户观点的模式

D. 为各个在总体设计阶段处于黑盒子级的模块设计具体的实现方案

65. 下列指标中，属于 GIS 软件系统经济评价的是(　　)。

A. 系统效率　　B. 系统的可移植性

C. 软件维护与运行管理　　D. 系统的可靠性与安全性

66. GIS 设计的主要过程包括需求分析、可行性分析、系统总体设计、系统详细设计、系统

功能设计、编码与调试、(　　)、系统的部署和系统的运行与维护。

A. 系统测试　　B. 系统数据库设计

C. 系统实现　　D. 系统优化

67. 详细设计的主要步骤包括细化总体设计的体系流程图，绘出程序结构图，直到每个模块的编写难度可被单个程序员所掌握为止、(　　)、确定模块数据组织、确定模块接口细节和模块间的调度关系、描述模块的流程逻辑、编写详细设计书。

A. 确定功能模块算法　　B. 功能分析

C. 需求分析　　D. 可行性分析

68. (　　)是 GIS 结构化分析的核心部分，为用来描述 GIS 的主要分析工具。

A. 数据流图　　B. 数据字典

C. 数据加工逻辑说明　　D. 判定树和判定表

69. E-R 图描述的是实体、(　　)和属性之间的关系，是进行概念设计的重要步骤。

A. 联系　　B. 表

C. 记录　　D. 视图

70. 下列工作中，不属于 GIS 维护内容的是(　　)。

A. 完善和适应性维护　　B. 数据更新

C. 硬件设备的维护　　D. 软件测试

71. 属性数据入库应具备一定的条件，下列描述不正确的是(　　)。

A. 表中每个属性值都是不可再分的基本单元

B. 表中每一列的属性名必须唯一

C. 表中每一个记录必须有数据，任意两个记录都不能相同

D. 表中不能有完全相同的行，每一列必须有相同的数据类型

72. 数据测试采用抽样检查方式，抽样的具体内容和抽样比例应由测试人员根据测试数据库的实际情况进行确定，一般按(　　)比例抽样，并在测试大纲中明确。

A. 1%~2%　　B. 1%~3%

C. 2%~4%　　D. 3%~5%

73. 现行《城市基础地理信息系统技术规范》规定，城市 DEM 数据的基本格网尺寸应为(　　)。

A. 2m×2m　　B. 2. 5m×2. 5m

C. 5m×5m　　D. 10m×10m

74. 在地理信息系统中，通常使用的三个坐标系是(　　)。

A. 世界坐标系、规范化坐标系、设备坐标系

B. 世界坐标系、用户坐标系、设备坐标系

C. 世界坐标系、局部坐标系、设备坐标系

D. 局部坐标系、用户坐标系、设备坐标系

75. 空间数据库设计是指在现在数据库管理系统的基础上建立空间数据库的整个过程，它的

设计过程一般按照(　　)的顺序进行。

A. 需求分析、逻辑设计、物理设计、概念设计、数据库实施

B. 需求分析、逻辑设计、概念设计、物理设计、数据库实施

C. 需求分析、物理设计、逻辑设计、数据库实施、概念设计

D. 需求分析、概念设计、逻辑设计、物理设计、数据库实施

76. 空间数据库的逻辑设计一般是按照(　　)为主线考虑的。

A. 数据集—数据层—图库　　B. 数据集—图库—数据层

C. 图库—数据集—数据层　　D. 图库—数据层—数据集

77. 导航应用软件基本功能包括(　　)、地图浏览与信息查询、智能路线规划、语音引导等。

A. 定位与显示　　B. 数据编辑

C. 空间分析　　D. 数据采集

78. 网络地理信息服务中，为了提高地图网络显示速度，通常采用(　　)技术。

A. 分布式计算　　B. 瓦片

C. 分类分级　　D. 图像增强

79. 当前的网络地理信息服务方式中，(　　)是普通用户使用各类服务的入口。

A. 在线地理信息服务系统　　B. 运行支持系统

C. 门户网站　　D. 服务接口

80. 所有类型的公众版网络地理信息服务数据的空间位置精度要求，数字高程模型格网不小于(　　)m。

A. 25　　B. 50　　C. 100　　D. 150

二、多项选择题(每题 2 分。每题的备选选项中，有 2 个或 2 个以上符合题意，至少有 1 个是错项。错选，本题不得分；少选，所选的每个选项得 0.5 分。)

81. 下列关于大地水准面的描述中，说法正确的是(　　)。

A. 一个连续封闭曲面　　B. 一个理想状态下的规则曲面

C. 重力位处处相等　　D. 不是唯一的，可以有无穷多个

E. 面上所有点的重力均与水准面正交

82. A 级 GPS 网用于建立国家一等大地控制网，可以进行(　　)。

A. 地球动力学研究　　B. 地壳形变测量

C. 精密工程测量　　D. 卫星精密定轨测量

E. 建立地方坐标基准框架

83. GPS 外业观测数据质量检核主要内容有(　　)。

A. 同步观测环闭合差　　B. 各时间段的较差

C. 复测基线长度差　　D. 精处理后基线分量及边长的重复性

E. 独立环闭合差及附合路线坐标闭合差

84. 水深测量中，水深改正主要包括(　　)。

A. 吃水改正　　B. 姿态改正

C. 潮位改正　　D. 声速改正

E. 导航改正

85. 通过平硐、斜井的联系测量可采用(　　)来完成。

A. 导线测量　　B. 水准测量

C. GPS 测量　　D. 三角高程测量

E. CORS 测量

86. 线路测量中定测阶段的中线测量常用的方法有(　　)。

A. 穿线放线法　　B. 拨角放线法

C. 偏角法　　D. 全站仪极坐标法

E. 三角高程法

87. 用 InSAR 进行地面形变监测的主要优点在于(　　)。

A. 覆盖范围大，方便迅速　　B. 成本低，不需要建立监测网

C. 受云层影响较为严重　　D. 全天候，不受云层及昼夜影响

E. 空间分辨率高，可获得某一地区连续的地表形变信息

88. 高精度变形监测网优化设计应该同时顾及网的(　　)。

A. 强度　　B. 精度

C. 可靠性　　D. 灵敏度

E. 使用率

89. 下列关于房产分丘图的表述中，正确的有(　　)。

A. 是全面反映房屋及其用地位置和权属等状况的基本图

B. 是房产分幅图的局部明细图

C. 比例尺为 1∶100~1∶1 000

D. 包括控制点、行政境界、丘界、房屋、附属设施等要素和注记

E. 是在分户图基础上进一步绘制的明细

90. 下列要素中，属于地籍图上应表示的地籍要素有(　　)。

A. 土地的编号　　B. 土地的利用类别

C. 地理名称　　D. 房屋、道路、水系

E. 土地的面积

91. 行政区域界线勘定后，应定期进行界线联合检查的内容包括(　　)。

A. 重新修改协议书　　B. 重新测绘协议书附图

C. 调整界线　　D. 重新测量界桩坐标与高程

E. 重新测设界桩

92. 框幅式胶片航空摄影机大多数设有(　　)。

A. 机械框标　　B. 边框标
C. 光学框标　　D. 角框标
E. 无框标

93. 外方位元素包括的参数有(　　)。
A. 主距 f　　B. 航向倾角 φ
C. 摄影中心坐标 X_S、Y_S、Z_S　　D. 旁向倾角 ω
E. 像片旋角 κ

94. 像片控制测量实际作业中，同期成图的一个测区内要分别统一编号，采用字母后附加数字的方法，编号应(　　)。
A. 从左到右　　B. 从右到左
C. 任意编号　　D. 从上到下
E. 从下到上

95. 数字高程模型的表现形式主要有(　　)。
A. 内插 DEM　　B. 等高线自动生成
C. 规则矩形格网(DEM)　　D. 不规则三角网(TIN)
E. 扫描矢量化

96. 地图可量测性由特殊的数学法则产生，该法则主要包含(　　)。
A. 地图投影　　B. 地图比例尺
C. 地图定向　　D. 地图量算
E. 地图分析

97. 根据地图数据的特征，可以把地图数据分为(　　)。
A. 空间数据　　B. 关系数据
C. 属性数据　　D. 矢量数据
E. 栅格数据

98. 地理信息系统设计与实施的主要步骤包括(　　)。
A. 用户要求调研与可行性分析　　B. 工程实施方案与总体设计
C. 开发、测试、试运行与调试　　D. 系统维护与评价
E. 系统功能完善

99. GIS 空间量算主要包括(　　)。
A. 几何量算　　B. 形状量算
C. 分块量算　　D. 质心量算
E. 距离量算

100. 网络地理信息服务的主要规范包括(　　)。
A. 网络要素服务规范　　B. 网络覆盖服务规范
C. 网络处理服务规范和目录服务规范　　D. 面向应用的服务规范
E. 网络地图服务规范

“测绘综合能力”仿真试卷九

一、单项选择题(每题 1 分，每题的备选选项中，只有 1 项符合题意。)

1. GNSS 接收机校准场的观测墩的点位环视高度角(　　)以上应无障碍物。
A. 5°　　B. 8°
C. 10°　　D. 15°

2. GNSS 精密定位一般采用双频接收机，其主要原因是为了消除(　　)的影响。
A. 卫星钟差　　B. 接收机钟差
C. 多路径误差　　D. 电离层误差

3. 某地区最大冻土深度为 1.2m，地下水位距地面高度为 6m，埋设混凝土柱普通水准标石至少需要挖坑深度(　　)m 以上。
A. 1.5　　B. 1.7
C. 1.9　　D. 2.1

4. 选取国家基准站和区域基准站的站址，观测环境一般要求多路径影响小于(　　)m。
A. 0.3　　B. 0.5
C. 0.7　　D. 1.0

5. GPS 土层点埋石结束后，冻土深度大于(　　)m 的地区应经过一个冻解期，方可进行观测。
A. 0.8　　B. 1.2
C. 1.4　　D. 1.6

6. 某测绘大队采用同步环边连接 GNSS 静态相对定位模式进行控制测量，同步观测仪器台数至少为(　　)台。
A. 3　　B. 4
C. 5　　D. 6

7. 某一等附合导线沿其交通线附近布设，其中两点间距离约为 5km，采用远程光电测距仪进行导线边距离测量时，不同时段经气象和归心修正后的测回互差限值应不超过(　　)mm。
A. 5　　B. 10
C. 15　　D. 20

8. 在加密重力点上做重复观测或者检查观测时，仪器应置于(　　)。

A. 同一位置不同高度　　B. 不同位置不同高度

C. 同一位置同一高度　　D. 不同位置同一高度

9. GNSS 静态相对定位之所以需要观测较长时间，其主要目的是(　　)。

A. 消除卫星钟误差的影响

B. 削弱卫星星历误差的影响

C. 削弱对流层和电离层折射的影响

D. 正确求解整周未知数 N_0

10. 下列资料中，进行区域似大地水准面精化时不需要的是(　　)。

A. 重力资料　　B. 地形资料

C. 控制测量资料　　D. 气象资料

11. 某省会城市进行似大地水准面精化所采用的数字高程模型分辨率应不低于(　　)。

A. 2.5″×2.5″　　B. 3″×3″

C. 5″×5″　　D. 30″×30″

12. 国家一等水准测量用往返测不符值计算的每千米偶然中误差应不大于(　　)mm。

A. ±0.25　　B. ±0.35

C. ±0.45　　D. ±0.55

13. 采用自记验潮仪、便携式验潮仪和水尺等设备的沿岸验潮站进行水位观测，其观测误差不得大于(　　)cm。

A. 1　　B. 2

C. 3　　D. 4

14. 实测海岸地形时，海岸线以上向陆地方向测进时小于 1：1 万比例尺为图上(　　)cm。

A. 0.1　　B. 0.5

C. 1.0　　D. 1.5

15. 进行水位观测，水尺布设的范围，应高于测站历年最高、低于测站历年最低水位(　　)m。

A. 0.5　　B. 1.0

C. 1.5　　D. 2.0

16. 海图要素综合制图中，水深注记一般呈(　　)分布。

A. 直线　　B. 矩形

C. 菱形　　D. 扇形

17. 对于大型不规则场馆复杂空间结构施工放样，宜采用(　　)进行。

A. 全站仪空间角度前方交会法　　B. 网络 GNSS-RTK 法

C. GNSS 静态相对定位　　D. 全站仪三维坐标放样法

18. 如下图所示，用一般方法测设出直角∠*AOB* 后，实测其角值为 90°00′24″，已知 *OB* 长度为 86m，则在 *B* 点垂直于 *OB* 的方向上应该(　　)mm 才能得到 90°角。

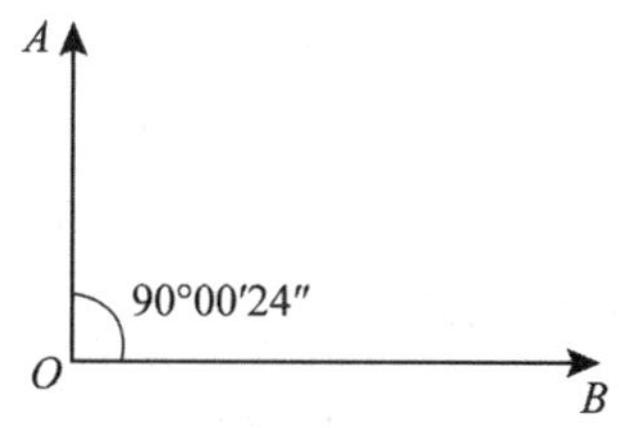

A. 向外移动 10　　B. 向内移动 10

C. 向外移动 9　　D. 向内移动 9

19. 某测绘大队在一条水准路线上采用往返观测的方法，其目的可以消除(　　)的误差。

A. 水准尺未竖直　　B. 仪器升沉

C. 水准尺升沉　　D. 两根水准尺零点不准确

20. 某观测量随着观测次数的无限增大，偶然误差的理论平均值趋近于零，这种现象称为偶然误差的(　　)。

A. 有界性　　B. 单峰性

C. 对称性　　D. 抵偿性

21. 对于地形图测图比例尺的选择，大型水利枢纽、能源、交通等工程的可行性研究，以及城市总体规划一般选用(　　)比例尺。

A. 1：2 000　　B. 1：5 000

C. 1：1 万　　D. 1：2.5 万

22. 工程控制网优化设计分为“零一二三类”，其中“二类”优化设计指的是(　　)。

A. 网的图形设计　　B. 观测值的精度设计

C. 网的基准设计　　D. 网的费用设计

23. 工程平面测图控制网精度设计的依据是使用平面测图控制网能满足 1：500 比例尺测图精度要求，要求四等以下(含四等)控制网的最弱点相对于起算点的点位中误差不超过图上(　　)mm。

A. 0.1　　B. 0.3

C. 0.5　　D. 0.7

24.《工程测量标准》规定，场区平面控制网相对于勘察阶段控制点的点位精度，不应低于(　　)cm。

A. 1.0　　B. 2.5

C. 5.0　　D. 10.0

25.《工程测量标准》规定，四等导线网中，节点与节点、节点与高级点之间的导线长度不应大于(　　)km。

A. 2.7　　B. 4.5

C. 6.3　　D. 8.1

26. 隧道施工贯通测量过程，最需要重点控制的是(　　)。

A. 联系测量误差　　B. 横向贯通误差

C. 纵向贯通误差　　D. 高程贯通误差

27. 1″级全站仪的说法是指该仪器的(　　)为 1″。

A. 最小读数　　B. 一测回水平方向中误差

C. 一测回测角中误差　　D. 单位权中误差

28. 对于大型精密设备，安装测量控制网控制点的点位中误差通常要求在(　　)mm 以内。

A. ±1.0　　B. ±3.0

C. ±5.0　　D. ±7.0

29. 下列因素中，与房产平面控制点的密度无关的是(　　)。

A. 测区的大小　　B. 测区内界址点数量和精度

C. 测区内地物地形情况　　D. 测图比例尺

30. 利用已有的地籍图、地形图编绘房产分幅图时，地物点相对于邻近控制点的点位中误差不超过图上±(　　)mm。

A. 0.1　　B. 0.2

C. 0.4　　D. 0.6

31.《房产测量规范》规定，二级房屋房产面积测算中误差的计算公式为(　　)。

A. $0.01\sqrt{S}+0.000\,3S$　　B. $0.04\sqrt{S}+0.002S$

C. $0.02\sqrt{S}+0.001S$　　D. $0.01\sqrt{S}+0.003S$

32. 房产分户图作为房屋权属证书附图时，图中应标注(　　)。

A. 相邻土地的权利界线　　B. 海拔高程

C. 用地面积的分摊系数　　D. 套内建筑面积与共有分摊面积

33. 全国地理国情普查中，绿化林地城市地区最小图斑所对应的实地面积为(　　)m^2。

A. 25　　B. 75

C. 100　　D. 125

34. 对于共用宗地面积的计算，各自使用的土地有明显范围的，先划分各自使用界线，并计算其面积，剩余部分按(　　)计算。

A. 建筑面积　　B. 建筑用地面积

B. 建筑价值　　D. 楼层面积

35.《地籍调查规程》规定，在首级高程控制网中，最弱点的高程中误差相对于起算点不大于±(　　)cm。

A. 1.0　　B. 2.0

C. 3.0　　D. 4.0

36. 全国地理国情普查中，内容需按照地表覆盖分类的要求进行采集，共分(　　)级。

A. 一　　B. 二

C. 三　　D. 四

37. 边界线走向说明中所涉及的方向，采用 16 方位制描述，北偏东北为(　　)。

A. 56°15′—78°45′　　B. 11°15′—33°45′

C. 281°15′—303°45′　　D. 326°15′—348°45′

38. 界桩点、界线转折点及界线经过的独立地物点相对于邻近固定地物点的平面位置中误差一般不超过图上±(　　)mm。

A. 0.1　　B. 0.2

C. 0.4　　D. 0.6

39. 航外像片控制点距像片边缘不小于(　　)。

A. 0.5~1cm　　B. 1~1.5cm

C. 1.5~2cm　　D. 2~2.5cm

40. 数字正射影像图(DOM)的质量控制主要包括几何精度检查和(　　)检查。

A. 整饰质量　　B. 元数据

C. 附件质量　　D. 影像质量

41. 数字线划图(DLG)是按基础地理要素分层存储的(　　)数据。

A. 数字高程　　B. 矢量

C. 栅格　　D. 影像

42. GNSS 辅助光束法区域网平差中，构架航线的作用在于取代(　　)两排高程地面控制点。

A. 区域两端　　B. 区域中央

C. 区域四角　　D. 区域四周

43. 共线条件方程中的像点坐标指的是(　　)坐标。

A. 像素　　B. 像平面

C. 扫描仪　　D. 量测仪

44. 彩红外与真彩色摄影应在色温(　　)范围内进行。

A. 4 500~6 800K　　B. 5 500~7 500K

C. 6 800~9 200K　　D. 9 200~10 400K

45. 卫星遥感影像拼接时，为了减少相邻景与景之间的接边误差，相邻景之间的控制点必须为(　　)。

A. 明显地物点　　B. 人工转刺点

C. 标志点　　D. 同名点

46. 采用 IMU/GNSS 辅助航空摄影技术进行 1∶1 万地形图测量，摄影区域内任一摄站位置与最近基准站的距离不应大于(　　)km。

A. 200　　B. 300

C. 400　　D. 500

47. 数字航摄影像的分辨率用(　　)表示。

A. 像元大小　　B. 线对/mm

C. 扫描分辨率　　D. 地面采样间隔

48. 相关规范规定，调绘像片的整饰，自由图边、与已成图接边界线应用(　　)表示。

A. 蓝色　　B. 红色

C. 绿色　　D. 棕色

49. 航摄影像上高出摄影基准面物点的摄影比例尺(　　)基准面上物点的摄影比例尺。

A. 小于　　B. 大于

C. 等于　　D. 小于等于

50. 立体测图时每个像对 6 个基本定向点离通过像主点且垂直于方位线的直线最大不超过(　　)cm。

A. 1. 0　　B. 1. 5

C. 3. 0　　D. 4. 5

51. 线阵推扫数字影像是一个二维灰度矩阵，其特点描述正确的是(　　)。

A. 矩阵的每一行对应一个扫描行

B. 矩阵的每一列对应一个扫描行

C. 矩阵的每一行对应一个扫描列

D. 矩阵的每一列对应一个扫描列

52. 现行《遥感影像平面图制作规范》规定，用于制作遥感图像平面图的相邻各帧图像之间应有不小于图像宽度(　　)的重叠。

A. 4%　　B. 6%

C. 8%　　D. 10%

53. 侧视雷达图像是多中心斜距投影的侧视图像，当雷达波束俯角与高出地面目标的坡度角之和大于(　　)时，图像将产生底顶位移。

A. 45°　　B. 60°

C. 75°　　D. 90°

54. 下列检查项中，空中三角测量成果质量不需要检查的是(　　)。

A. 原始资料是否正确　　B. 各项参数设置

C. 平差精度　　D. 影像质量

55. 数字正射影像图应与相邻影像图接边，接边误差不应大于(　　)个像元。

A. 1/2　　B. 1

C. 2　　D. 3

56. 关于遥感图像的目视解译步骤，下列说法中，错误的是(　　)。

A. 从已知到未知　　B. 先平原后山区

C. 先地表后深部　　D. 先图形后线形

57. 非监督分类一般包括(　　)、分类器选择与优化、影像分类、类别定义与类别合并、分类后处理、结果验证 6 个步骤。

A. 定义与特征判别　　B. 类别定义与类别合并

C. 训练样本选择　　D. 影像分析

58. 经线为辐射直线，纬线为同心圆圆弧的投影是(　　)。

A. 圆柱投影　　B. 圆锥投影

C. 方位投影　　D. 高斯投影

59. 我国基本比例尺地形图中，1∶1 万地形图的图幅经纬差是(　　)。

A. 经差 30′、纬差 20′　　B. 经差 15′、纬差 10′

C. 经差 7′30″、纬差 5′　　D. 经差 3′45″、纬差 2′30″

60. 地形图要素编绘要求中，海洋中的岛屿在图上面积大于(　　)mm^2时应依比例尺表示，小于此面积时用不依比例尺的点状岛屿符号表示。

A. 0. 15　　B. 0. 25

C. 0. 35　　D. 0. 45

61. 国家基本比例尺地形图编绘中，相邻图幅之间的接边要素在图上相差(　　)mm 以内的，可只移动一边要素直接接边。

A. 0. 1　　B. 0. 3

C. 0. 6　　D. 0. 9

62. 1∶10 万地形图上绘制平面直角坐标网的网格间隔相当于实地长是(　　)km。

A. 1　　B. 2

C. 4　　D. 6

63. 陆地地貌分层设色的色彩按照高程由低到高的顺序一般采用(　　)。

A. 黄色系、绿色系、棕色系、浅紫色

B. 黄色系、棕色系、绿色系、浅紫色

C. 绿色系、黄色系、棕色系、浅紫色

D. 绿色系、棕色系、黄色系、浅紫色

64. 我国的基本比例尺地形图采用的是(　　)。

A. 矩形分幅　　B. 自由分幅

C. 经纬线分幅　　D. 坐标格网线分幅

65. 设某省编制 8 开本地图集时，其展开页为 4 开本，内图廓定为 37cm×52cm，当成图比例尺设定为 1∶50 万比例尺时，在 1∶100 万工作底图上对应图廓的边长是(　　)。

A. 9. 25cm×13cm　　B. 18. 5cm×26cm

C. 12. 3cm×17. 3cm　　D. 74cm×104cm

66. 地图注记要素在一定程度上用于反映被注记对象的重要性和数量等级的是(　　)。

A. 字位　　B. 字号

C. 字色　　D. 字间

67. 现行规范规定，城市三维建筑模型按表现细节的不同可分为 LOD1、LOD2、LOD3、LOD4 四个层次，其中 LOD4 是指(　　)。

A. 体块模型　　B. 基础模型

C. 标准模型　　D. 精细模型

68. 地理信息系统空间位置建立的基础是(　　)。

A. 统一的坐标系统　　B. 统一的分类编码原则

C. 标准的数据交换格式　　D. 标准的数据采集技术规程

69. 空间数据的检查主要是指对数据的(　　)检查。

A. 栅格扩散　　B. 拓扑关系

C. 层次关系　　D. 时间特征

70. 下列说明项中，不属于系统软件需求规格说明书中内容的是(　　)。

A. 系统数据描述　　B. 系统功能需求

C. 模块设计说明　　D. 系统运行需求

71. 下列栅格阵列中，(　　)可以采用四叉树编码法进行栅格数据压缩。

A. 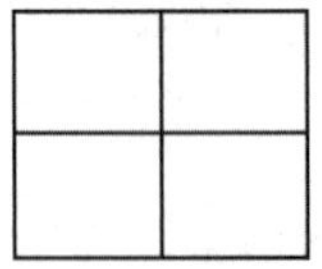

B. 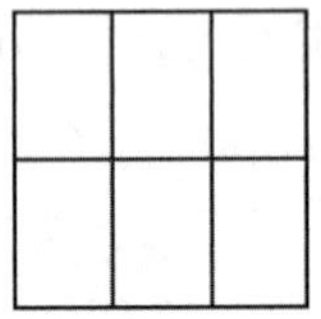

C. 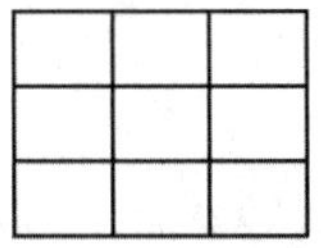

D. 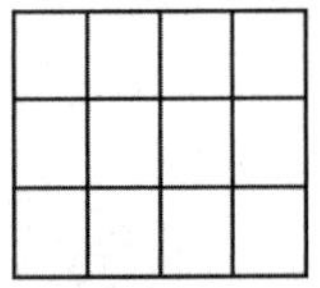

72. 利用数字高程模型自动提取等高线以及查找污染水源等，采用的空间分析方法是(　　)。

A. 临近分析　　B. 缓冲分析

C. 追踪分析　　D. 地形分析

73. 栅格模型中，空间被规则地划分为栅格，每个栅格的大小所代表的是(　　)。

A. 属性值　　B. 空间分辨率

C. 灰度值　　D. 地理实体位置

74. 下列栅格数据压缩编码方法中，可以直接进行大量图形图像运算的是(　　)。

A. 链码　　B. 游程长度编码

C. 块码　　D. 四叉树编码

75. 在大多数 GIS 中，提供的空间查询方式不包含(　　)。

A. 基于空间关系查询　　B. 基于空间关系和属性特征查询

C. 基于对象时间特征查询　　D. 地址匹配查询

76. 考虑到地理对象的特点，下列情况中，应选择栅格数据描述模型的是(　　)。

A. 行政区划和土地利用　　B. 行政区划和大气污染物的分布

C. 大气污染物和高程的分布　　D. 地籍信息和温度分布

77. 确认测试是验证被测软件的功能和性能是否与用户的要求一致，因此(　　)是软件确认测试的基础。

A. 软件可行性分析报告　　B. 软件需求规格说明书

C. 软件概要设计描述　　D. 软件详细设计描述

78. 导航电子地图中，为了实现导航路径的规划，需要建立道路(　　)。

A. 路考表达模型　　B. 属性模型

C. 拓扑模型　　D. 导引信息表达模型

79. (　　)是继 20 世纪 80 年代由大型计算机到客户端/服务器的转变后的又一次巨变，是一种基于互联网的计算方式。

A. 并行计算　　B. 分布式计算

C. 网格计算　　D. 云计算

80. 所有类型的公众版网络地理信息服务数据的空间位置精度要求，等高距不小于(　　)m。

A. 10　　B. 20

C. 50　　D. 100

二、多项选择题(每题 2 分。每题的备选选项中，有 2 个或 2 个以上符合题意，至少有 1 个是错项。错选，本题不得分；少选，所选的每个选项得 0.5 分。)

81. ITRF 是 ITRS 的具体实现，是通过 IERS 分布于全球的跟踪站的(　　)来维持并提供用户使用的。

A. 速度场　　B. 坐标

C. 大地方位角　　D. 天文方位角

E. 高程

82. 若 AB 直线的坐标方位角与其真方位角相同，则 A 点位于(　　)上。

A. 赤道　　B. 中央子午线

C. 高斯平面直角坐标系的纵轴　　D. 高斯投影带的边缘

E. 高斯平面直角坐标系的横轴

83. GNSS 网平差流程内容主要包括(　　)。

A. 基线向量提取　　B. 复测基线长度差计算

C. 三维无约束平差　　D. 约束平差和联合平差

E. 质量分析与控制

84. 海洋测绘中，验潮的主要目的是(　　)。

A. 计算深度基准和调和常数　　B. 获得验潮站平均海水面高度

C. 掌握潮汐变化规律　　D. 进行测深水位改正

E. 进行海洋重力测量

85. 在地下工程施工阶段，应配合施工步骤和施工方法，进行(　　)等测量工作。

A. 施工控制测量　　B. 定线放样

C. 竣工测量　　D. 地籍测量

E. 水文测量

86. 目前，地面形变测量采用的主要方法有(　　)。

A. 水准测量　　B. GNSS 测量

C. 三角高程测量　　D. InSAR

E. 三联脚架法

87. 公路中线测设时，里程桩应设在中线的(　　)地方。

A. 边坡点　　B. 地形点

C. 桥涵位置处　　D. 曲线主点

E. 交点和转点处

88. 用正倒镜分中法延长直线，可以消除或减少(　　)误差的影响。

A. $2C$　　B. 视准轴不垂直横轴

C. 横轴不垂直仪器竖轴　　D. 水准管轴不垂直仪器竖轴

E. 对中

89. 房产分户图应表示的主要内容有(　　)。

A. 房屋权界线　　B. 建成年份

C. 共有分摊面积　　D. 房屋边长

E. 房屋用地面积

90. 根据现行土地利用现状分类标准，下列单位用地中，属于公共管理与公共服务用地的是(　　)。

A. 某湿地公园　　B. 某游泳场馆

C. 某青少年宫　　D. 某福利院

E. 某烈士陵园

91. 下列关于边界主张线图的绘制，描述正确的是 (　　)。

A. 主张线采用 0.3mm 的实线绘出

B. 颜色一方用红色，另一方用蓝色

C. 可压盖图上任何要素

D. 不可压盖图上任何要素

E. 主张线采用 1.5mm 的红线实线不间断表示

92. 航外像片控制测量的布点方案分为(　　)。

A. 全野外布点方案　　B. 室内判读布点方案

C. 非全野外布点方案　　D. 特殊情况布点方案

E. 先室内后室外布点方案

93. 像点坐标的系统误差主要由(　　)引起。

A. 摄影材料变形　　B. 摄影物镜畸变

C. 大气折光　　D. 地形起伏

E. 地球曲率

94. 数字高程模型(DEM)数据的采集方法主要有(　　)。

A. 航空摄影测量法　　B. 利用空间传感器方法

C. 规则矩形格网(DEM)　　D. 不规则三角网(TIN)

E. 地图扫描矢量化法

95. 遥感图像可获取目标地物的大小、形状及(　　)方面的信息。

A. 纹理　　B. 空间分布

C. 变化动态　　D. 属性

E. 色彩

96. 居民地圈形符号的尺寸主要考虑(　　)。

A. 最大尺寸　　B. 最小尺寸

C. 适宜的级差　　D. 居民地性质

E. 居民地密度

97. 范围法是在轮廓界线内用填充(　　)等方式，表示成片分布的面状现象特征的方法。

A. 网纹　　B. 颜色

C. 符号　　D. 数字

E. 注记

98. 数据字典是开展 GIS 分析和设计的基础工作，其主要内容包括(　　)。

A. 空间数据库名称、层名　　B. 关键属性项、关联字段

C. 拓扑关系、属性表　　D. 要素类型、操作限制规则

E. 需求分析、统计表

99. 导航电子地图设计的主要过程包括(　　)。

A. 需求分析和需求评审　　B. 产品设计和规格设计

C. 工具开发与测试　　D. 样品制作和产品开发任务编制

E. 产品检查

100.《地理信息公共服务平台电子地图数据规范》规定了网络服务电子地图数据的(　　)。

A. 坐标系统　　B. 数据源

C. 地图瓦片　　D. 地图分级及地图表达

E. 地理实体数据的表达

“测绘综合能力”仿真试卷十

一、单项选择题（每题 1 分，每题的备选选项中，只有 1 项符合题意。）

1. 使用 N 台（$N>3$）GNSS 接收机进行同步观测所获取的 GNSS 边中，观测网同步环的数量是（　　）。

A. $N(N+1)/2$　　B. $N-1$

C. $N(N-1)/2$　　D. $(N-1)(N-2)/2$

2. 省级似大地水准面精化中，似大地水准面分辨率不应低于（　　）。

A. 1′×1′　　B. 2.5′×2.5′

C. 5′×5′　　D. 15′×15′

3. 地面一点上的重力向量 $\boldsymbol{g}$ 和相应的（　　）上的法线向量 $\boldsymbol{n}$ 之间的夹角定义为该点的垂线偏差。

A. 大地水准面　　B. 似大地水准面

C. 球面　　D. 椭球面

4. RTK 碎部点测量时，当测区面积较大，采用分区求坐标系统的转换参数时，相邻分区应不少于（　　）个重合点。

A. 1　　B. 2

C. 3　　D. 4

5. 一、二等水准测量中，使用数字水准仪往测时，奇数站的观测顺序是（　　）。

A. 前—后—后—前　　B. 后—前—前—后

C. 前—后—前—后　　D. 后—前—后—前

6. 我国 1985 国家重力基本网的重力系统采用（　　）椭球常数及其相应正常重力场。

A. 贝塞尔　　B. 克拉索夫斯基

C. IAG75　　D. GRS80

7. 同一大地水准面上的每一点都具有相同的位势，且每点的切线都与该点的（　　）垂直。

A. 法线方向　　B. 引力线方向

C. 离心力线方向　　D. 铅垂线方向

8. 某一等跨河水准测量项目，跨河视线长度约为 4km。当采用经纬仪倾角法测量时，应使两岸仪器距水面高度大致相等，且视线高度应不低于（　　）m。

A. 2　　B. 4

C. 8　　D. 12

9. LCR 型重力仪观测中，读数轮转动（　　）以上时必须先锁摆，禁止在松摆时挪动仪器。

A. 半圈　　B. 一圈

C. 二圈　　D. 三圈

10. 在相对重力测量过程中，在开摆 5min 后读取一组（三个）合格读数，并记录相应的观测时间，三个读数的互差不应超过（　　）格。

A. 0.1　　B. 0.3

C. 0.5　　D. 0.7

11. 重力基准点观测墩标石应现场灌制，两个观测墩之间相距应大于（　　）m，以方便观测时操作。

A. 0.2　　B. 0.4

C. 0.6　　D. 0.8

12. 下列措施中，不能减弱或消除仪器脚架和尺台（尺桩）升降影响的是（　　）。

A. 相邻测站观测顺序相反

B. 前后视距尽量相等

C. 选择良好土质路线作为水准观测路线

D. 往返测选择同一路线、同一仪器进行

13. 高斯-克吕格投影方式中，位置的形变量最大的位于（　　）。

A. 赤道和投影边缘经线交点　　B. 两极

C. 中央经线和赤道交点　　D. 中央经线上

14. 海洋测量中，定点验潮站要求连续观测水位的天数最少为（　　）天。

A. 3　　B. 15

C. 30　　D. 60

15. 海洋测量中，工作水准点与主要水准点之间的高差，按（　　）要求，工作前后各测定 1 次。

A. 二等水准测量　　B. 三等水准测量

C. 四等水准测量　　D. 等外水准测量

16. 水深测量中，计划线与主测线的布设方向原则为应与水下地形梯度方向（　　）。

A. 平行　　B. 正交

C. 成 45°　　D. 成 135°

17. 若图上测点间隔要求为 1cm，水深测量比例尺为 1∶5 000，则计划线或主测线的布设间隔应为（　　）m。

A. 50　　B. 100

C. 150　　D. 200

18. 下列关于建筑与等高线之间的关系表述中，错误的是（　　）。

A. 建筑与等高线垂直　　B. 建筑与等高线平行

C. 建筑与等高线重叠　　D. 建筑与等高线斜交

19. 测图控制网平面精度的确定依据是(　　)。

A. 控制网的测量方法　　B. 测图比例尺

C. 测绘内容的详细程度　　D. 控制网网形

20. 导线按布置形式可以分为(　　)。

A. 一级导线、二级导线、图根导线

B. 单向导线、往返导线、多边形导线

C. 闭合导线、附合导线、支导线

D. 一级导线、二级导线、三级导线

21. 导线坐标增量闭合差的调整方法是将闭合差反符号后(　　)。

A. 按角度个数平均分配　　B. 按导线边数平均分配

C. 按边长成正比例分配　　D. 按边长和角度平均分配

22. 如下图所示水准路线中，已知水准点 A、B 的高程分别为 $H_A=1.234$m、$H_B=3.634$m，水准点 P 到 A、B 的距离分别为 $S_{AP}=3$km，$S_{BP}=2$km，观测高差为 $h_{AP}=1.400$m，$h_{BP}=-1.010$m，则 P 点的高程为(　　)m。

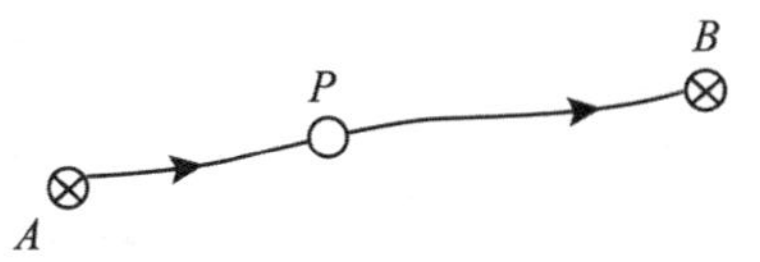

A. 2.630m　　B. 2.640m

C. 2.634m　　D. 2.628m

23. 所有等高线平距相等且为直线的等高线表示的面是(　　)。

A. 水平面　　B. 倾斜平面

C. 菱形面　　D. 锥面

24. 地形图上采用等高线表示的陡坡是(　　)。

A. 稀疏的　　B. 汇合的

C. 相交的　　D. 密集的

25. 下列测量方法中，最适合测绘建筑物立面图的是(　　)。

A. 三角高程测量　　B. 地面激光扫描

C. 精密水准测量　　D. GPS-RTK 测量

26. 地下铁路工程测量中，为了建立统一的地面与地下坐标系统，应采用的测量方法为(　　)。

A. 联系测量　　B. 贯通测量

C. 细部测量　　D. 检核测量

27. 在进行高差闭合差调整时，某一测段按测站数计算每站高差改正数的公式为(　　)。

A. $V_i=f_h/N$(N 为测站数)　　B. $V_i=f_h/S$(S 为测段距离)

C. $V_i=-f_h/N$ (N 为测站数)　　D. $V_i=f_h/S$(S 为测段距离)

28. 在 1 : 1 000 地形图上，等高距为 1m，现量得某相邻等高线上两点 A、B 之间的图上距离为 0.02m，则 A、B 两点的地面坡度为(　　)。

A. 3%　　B. 5%

C. 7%　　D. 9%

29. 现行《房产测量规范》规定，丘的编号顺序应按(　　)进行编列。

A. 从南至北，从西至东 S 形　　B. 从北至南，从东至西 S 形

C. 从北至南，从西至东反 S 形　　D. 从南至北，从西至东反 S 形

30. 测量高层房屋外墙水平投影的测量方法宜采用(　　)。

A. 三维激光扫描仪　　B. 全站仪极坐标法

C. 近景摄影测量法　　D. GPS 测量方法

31. 在建筑物密集区房产分幅平面图一般采用(　　)比例尺。

A. 1 : 500　　B. 1 : 1 000

C. 1 : 2 000　　D. 1 : 5 000

32. 100m^2的单元住宅，进行房产测绘时，采用房产面积精度二级，其房产面积的精度限差是±(　　)m^2。

A. 0.3　　B. 0.6

C. 0.9　　D. 1.2

33. 地籍调查中，土地权属调查的基本单元是(　　)。

A. 图斑　　B. 街坊

C. 宗地　　D. 丘

34. 地籍测量中土地面积的量算以(　　)面积为首级控制。

A. 宗地　　B. 图幅

C. 街坊或村　　D. 街道

35. 地籍图精度要求相邻界址点间距、界址点与邻近地物点关系距离的中误差不得大于图上(　　)mm。

A. 0.1　　B. 0.2

C. 0.3　　D. 0.4

36. 地籍编号一般以县级行政区为单位，按(　　)三级编号。

A. 宗地、街坊、街道　　B. 街道、街坊、宗地

C. 街坊、街道、宗地　　D. 街道、丘、宗地

37. 界线测绘中，边界线走向方位的描述，采用 16 方位制，其中北方向的角度区间为(　　)。

A. 0°—22°30′　　B. 348°45′—11°15′

C. 11°15′—33°45′　　D. 78°45′—101°15′

38. 某基于 1 : 50 000 比例尺地形图的行政区域界线测绘项目，采用光电测距附合导线测量

方法测定界桩点的平面坐标。该导线全长 15 km，共 15 条边，根据现行《行政区域界线测绘规范》，其方位角闭合差不应超过(　　)。

A. ±60″　　B. ±80″

C. ±100″　　D. ±120″

39. 某基于 1∶2 000 比例尺的航空摄影项目，要求同一条航线上相邻像片的航高差不应大于(　　)m。

A. 10　　B. 20

C. 30　　D. 40

40. GPS 辅助空中三角测量最主要的作用是(　　)。

A. 提供航摄仪的外方位角元素

B. 提供摄影瞬间航摄仪物镜中心位置值

C. 提供摄影瞬间飞机的姿态参数

D. 提供航摄仪的内方位元素

41. 下列特征中，属于侧视雷达图像所具有的几何特征是(　　)。

A. 山体前倾　　B. 高差产生投影差

C. 比例尺变化　　D. 可构成立体像对

42. 像片控制测量中控制点用字母表示，字母“P”代表的是(　　)。

A. 平面点　　B. 高程点

C. 平高点　　D. 等外水准点

43. 监督分类一般包括类别定义与特征判别、(　　)、分类器选择与优化、影像分类、分类后处理和结果验证 6 个步骤。

A. 影像检查　　B. 类别定义与类别合并

C. 训练样本选择　　D. 影像分析

44.《IMU/GPS 辅助航空摄影技术规范》规定，检定场应设置 2 条连续对向飞行航线，每条航线不宜少于(　　)像对。

A. 6　　B. 8

C. 10　　D. 12

45. ADS80 影像传感器是(　　)CCD 推扫式成像传感器。

A. 单线阵　　B. 双线阵

C. 三线阵　　D. 面阵

46. 数字航空像片编号一般以航线为单位进行流水编号，共由 12 位数字构成，自左至右 1~4 位为(　　)。

A. 摄区代号　　B. 分区号

C. 航线号　　D. 航片流水号

47. DOM 的分辨率一般不应大于(　　)倍成图比例尺分母(以 m 为单位)。

A. 0.000 1　　B. 0.001

C. 0.01　　D. 0.1

48. DEM 格网尺寸依比例尺选择，一般 1∶500~1∶2 000 的格网尺寸不应大于(　　)倍成图比例尺分母(以 m 为单位)。

A. 0.01　　B. 0.05

C. 0.001　　D. 0.005

49. DLG 生产中，图形编辑应以(　　)成果为依据。

A. 影像判读　　B. 立体观测

C. 图式规范　　D. 外业调绘与补测

50. 下列关于地面起伏引起的投影差所具有的性质描述中，正确的是(　　)。

A. 越靠近像片边缘投影差越大，在像底点处投影差最大

B. 地面点的高程或目标物体的高度越大，投影差越小

C. 在条件相同的情况下，摄影机的主距越大，相应的投影差越小

D. 为有效减少航摄像片上的投影差，不能选择焦距过长的摄影机进行摄影

51. 数字航空摄影测量采用空中三角测量时，数码航摄仪获取的彩色影像辐射分辨率不应小于(　　)bit。

A. 6　　B. 8

C. 10　　D. 12

52. 像元大小决定了数字航摄仪获取影像的(　　)，像元小则分辨率高。

A. 光谱分辨率　　B. 几何分辨率

C. 时间分辨率　　D. 辐射分辨率

53. 下列关于像片倾斜而引起的倾斜误差的特性说法中，正确的是(　　)。

A. 等比线上的像点倾斜误差最大

B. 当像点位于主纵线上，像点无倾斜误差

C. 等比线以上(含像主点 O 部分)，其倾斜误差为负值；等比线以下(含像底点 N 部分)，其倾斜误差为正值

D. 倾斜误差分布在以等角点 C 为顶点的辐射线上，与辐射距成反比

54. 下列记录格式中，遥感数字图像数据的存储和记录不采用的是(　　)。

A. BSQ　　B. HDF

C. BIP　　D. BMP

55. 下列遥感图像中，广泛应用于农、林、植被资源和植物病虫调查，以及地质、地理水文、海洋、环境监测等领域的是(　　)。

A. 雷达图像　　B. 假彩色合成图像

C. 多光谱图像　　D. 热红外图像

56. 规范规定，数码摄影仪获取的影像连接点上下视差中误差为(　　)个像素。

A. 1/5　　B. 1/4

C. 1/3　　D. 1/2

57. “风玫瑰”是(　　)用来表示专题地图内容的符号。

A. 定位图表法　　B. 点数法

C. 分级统计图法　　D. 范围法

58. 下列区域中，适宜于斜轴方位投影的是(　　)。

A. 极地附近　　B. 赤道附近

C. 沿经线延伸区域　　D. 任意位置

59. 横轴方位投影中的等变形线是(　　)。

A. 曲线　　B. 同心圆弧

C. 直线　　D. 同心圆

60. 设计中国全图时，若南海诸岛作为附图，可选择(　　)投影。

A. 等角正圆锥　　B. 等角斜方位

C. 正轴圆柱　　D. 高斯

61. 选择地图集开本的大小时，其主要依据取决于(　　)。

A. 地图集的用途　　B. 制图区域的大小

C. 制图区域的形状　　D. 地图集比例尺大小

62. 编绘普通地图时，通常用(　　)表示季节性的时令河。

A. 蓝色虚线　　B. 蓝色点线

C. 棕色虚线　　D. 黑色点线

63. 地图按照内容可以划分为(　　)。

A. 经济地图和环境地图　　B. 地理图和地形图

C. 自然地图和气候地图　　D. 普通地图和专题地图

64. 地图的可量测性主要通过(　　)来实现。

A. 地图语言　　B. 地图整饰

C. 地图综合　　D. 数学基础

65. 在进行干旱区域地图概括时，一般全部保留河流、水井、泉等，最主要考虑的因素是(　　)。

A. 地图用途和主题　　B. 地图比例尺大小

C. 制图区域的地理特征　　D. 数据质量和图解限制

66. 要保证 GIS 数据的现势性必须实时进行(　　)。

A. 数据编辑　　B. 数据变换

C. 数据更新　　D. 数据匹配

67. 下列给出的方法中，获取 DLG 数据最有效的方法是(　　)。

A. 数字摄影测量　　B. 扫描法

C. 野外数字测量　　D. 手工网格法

68. 针对空间数据库特点，下列说法中错误的是(　　)。

A. 空间数据模型简单　　B. 属性数据和空间数据联合管理

C. 具有空间多尺度性　　D. 具有高可访问性

69. 从功能上看，GIS 有别于其他信息系统、CAD 的地方是 GIS 具有(　　)。

A. 数据输入功能　　B. 数据管理功能

C. 空间分析功能　　D. 数据输出功能

70. 下列编码方法中，占据存储空间最大的栅格数据编码方法是(　　)。

A. 直接编码法　　B. 行程编码法

C. 块式编码法　　D. 四叉树编码法

71. 如下图所示，A、B、C 表示各种植被类型代码，D 为铁路代码，小黑圆点为栅格中心点。确定该栅格单元的代码时，若该栅格单元代码为 B，则说明利用的方法是(　　)。

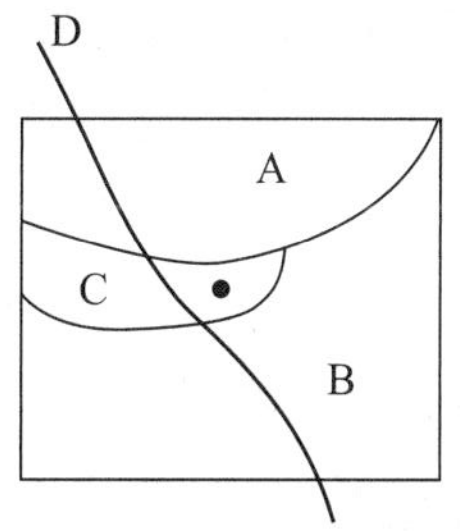

A. 中心归属法　　B. 长度占优法

C. 面积占优法　　D. 重要性法

72. 用于描述地理现象空间分布的指标——质心量测，可以用于(　　)。

A. 缓冲区分析　　B. 网络分析

C. 森林火险预测　　D. 人口分布

73. 在 GIS 的人员配置中，不属于系统管理员的任务的是(　　)。

A. 物资管理　　B. 支持用户请求

C. 应用功能开发方案设计　　D. 用户权限管理

74. 下列空间分析中，使用矢量数据结构较为方便的是(　　)。

A. 交通网络分析　　B. 水土流失分析

C. 模拟径流汇流分析　　D. 地形表面分析

75. 空间集合分析主要完成(　　)。

A. 地形分析　　B. 缓冲区分析

C. 逻辑运算　　D. 叠置分析

76. 数据库系统建设的工作流程是(　　)。

A. 数据库系统设计、数据建库、数据库系统集成、数据库测试验收、运行维护

B. 数据建库、数据库系统设计、数据库系统集成、数据库测试验收、运行维护

C. 数据库系统设计、数据库系统集成、数据建库、数据库测试验收、运行维护

D. 数据建库、数据库系统集成、数据库系统设计、数据库测试验收、运行维护

77. GIS 组织属性数据时，应用较多的数据库模型是(　　)。

A. 层次模型　　B. 网状模型

C. 关系模型　　D. 混合模型

78. 道路的功能等级是对路网中道路综合通行能力的一种等级划分，国际上通用的标准分为(　　)个级别。

A. 4　　B. 5

C. 6　　D. 7

79. 导航电子地图数据中，利用道路的(　　)属性可以优化路径计算，同时在不同的比例尺下可以根据其进行道路网的显示。

A. 功能等级　　B. 显示等级

C. 技术等级　　D. 道路方向

80. 网络地理信息服务的各节点内部的数据存储管理区主要部署(　　)。

A. Web 服务器　　B. 应用服务器

C. 数据库服务器　　D. 镜像服务器

二、多项选择题(每题 2 分。每题的备选选项中，有 2 个或 2 个以上符合题意，至少有 1 个是错项。错选，本题不得分；少选，所选的每个选项得 0.5 分。)

81. ITRS 是一种协议地球参考系统，下列对其定义描述正确的是(　　)。

A. 原点为地心，并且包括海洋和大气在内的整个地球的质心

B. 长度单位为 km，并且是在广义相对论框架下的定义

C. Z 轴是由地球质心指向 1968.0 地极原点(JYD)的方向

D. X 轴从地心指向格林尼治平均子午面与 CTP 赤道的交点

E. Y 轴与 XOZ 平面垂直而构成右手坐标系

82. GNSS 网基线精处理结果质量检核的内容有(　　)。

A. 同步环观测闭合差　　B. 各时间段较差

C. 复测基线的长度差　　D. 精度处理后基线分量及边长重复性

E. 独立环闭合差及附合路线的坐标闭合差

83. 进行三等水准测量外业高差改正数计算中要做(　　)计算。

A. 标尺长度改正　　B. 标尺温度改正

C. 正常水准面不平行改正　　D. 路线闭合差改正

E. 重力值改正

84. 使用测深仪测深，应测定仪器的总改正数。总改正数为各项改正数的代数和，包括(　　)。

A. 声速改正　　B. 转速改正

C. 吃水改正　　D. 换能器基线改正

E. 姿态改正

85. 验收测量主要工作内容包括(　　)。

A. 建筑物外部轮廓线的测量　　B. 主要角点与四至的距离测量

C. 建筑物的高度测量　　D. 建筑物的位置测量

E. 建筑物的条件点测量

86. 采用电磁波测距进行三角高程测量时，数据处理应注意进行直返觇的高差(　　)改正。

A. 气象　　B. 偏心距

C. 仪器加、乘常数　　D. 地球曲率

E. 大气折光差

87. 线路初测是线路初步设计的基础和依据，其外业工作包括(　　)。

A. 线路选线测量　　B. 线路平面控制测量

C. 线路高程测量　　D. 地形测量

E. 横断面测量

88. 采用正倒镜位置观测水平角取平均值可以消除仪器的(　　)误差。

A. 视准轴不垂直于横轴　　B. 横轴不垂直于竖轴

C. 对中误差　　D. 度盘偏心差

E. 指标差

89. 成套房屋的套内建筑面积包括(　　)。

A. 套内使用面积　　B. 套内墙体面积

C. 套内分摊面积　　D. 套内阳台面积

E. 1/2 外墙面积

90. 地籍图上应表示的基本内容有(　　)。

A. 图斑界线　　B. 行政区代码

C. 地类代码　　D. 房屋面积

E. 道路和水域

91. 界线测绘成果应归档管理的内容包括(　　)、界线标志记录及其他与勘界记录有关的材料等。

A. 勘界协议书　　B. 土地等级、类型划分资料

C. 备案材料　　D. 批准文件

E. 工作图

92. 空中三角测量中，像点量测坐标要考虑(　　)等系统误差的影响。

A. 像主点位置　　B. 航摄仪物镜畸变

C. 大气折光　　D. 地球曲率

E. 摄影机焦距

93. 航摄成果的检查验收中，下列内容属于飞行质量检查的是(　　)。

A. 航线弯曲度　　B. 航高保持

C. 像片重叠度　　D. 框标和数据记录

E. 像点位移误差

94. 机载 POS 的数据后处理软件通过处理 POS 在飞行中获得的(　　)计算得到最优的组合导航解。

A. IMU 原始数据　　B. GNSS 原始数据
C. GNSS 基准站数据　　D. 曝光瞬间的外方位元素
E. 曝光瞬间的航高

95. 空中三角测量基本作业过程中，若采用框幅式数字航摄仪获取影像，需要使用的航摄仪鉴定资料有(　　)。

A. 焦距　　B. 像主点位置
C. 像素大小　　D. 框标坐标或距离
E. 像素值参考位置

96. 地图编绘中大比例尺地图上的数学要素有(　　)。

A. 控制点　　B. 坐标网
C. 坡度尺　　D. 接图表
E. 比例尺

97. 道路的图形概括方法主要有(　　)。

A. 取舍　　B. 删除
C. 共线　　D. 夸大
E. 分割

98. 空间数据质量控制内容主要有(　　)。

A. 空间位置精度　　B. 属性数据的质量控制
C. 空间关系的质量控制　　D. 数据采集方法
E. 数据入库方法控制

99. 在导航电子地图制作过程中，既不能采用各种测量手段获取，又不得在导航电子地图公开出版、销售、传播、展示和使用时表达的空间地理信息是(　　)。

A. 重力数据　　B. 行政区域界线
C. 通信线　　D. 植被
E. 管道

100. 面向服务的架构(SOA)具有的特点包括(　　)。

A. 可重用　　B. 紧耦合
C. 标准接口　　D. 独立服务
E. 基于开放标准

"测绘综合能力"仿真试卷十一

一、单项选择题(每题 1 分，每题的备选选项中，只有 1 项符合题意。)

1. 大地水准面是(　　)。

A. 大地体的表面　　B. 地球的自然表面
C. 一个旋转椭球体的表面　　D. 参考椭球的表面

2. 重力联测观测过程中仪器停放超过 2 小时，则在停放点应重复观测，以消除(　　)。

A. 静态零漂　　B. 联测中误差
C. 一致性误差　　D. 固体潮

3. 用于描述地球形状和大小的地球椭球体的基本元素是(　　)。

A. 长半径和扁率　　B. 长半径和子午圈半径
C. 短半径和子午圈半径　　D. 第一偏心率和扁率

4. 2000 年国家大地坐标系的长半轴是(　　)m。

A. 6 378 245　　B. 6 378 140
C. 6 378 137　　D. 6 378 126

5. 现行《全球导航卫星系统(GNSS)测量规范》规定，对于 D 级 GPS 网的高程联测要求(　　)。

A. 可依具体情况　　B. 需按一定比例联测
C. 需逐点联测　　D. 根据区域似大地水准面精化要求

6. 在下列平面位置放样方法中，不需要事先计算放样元素的是(　　)。

A. 直角坐标法　　B. 极坐标法
C. 距离交会法　　D. 直接坐标法

7. 基准站 GNSS 天线应固紧于观测墩的强制对中标志上，天线定向指北标志与磁北方向差异应小于(　　)。

A. 3°　　B. 5°
C. 10°　　D. 15°

8. 重力位相等的封闭曲面是(　　)。

A. 法截面　　B. 似大地水准面
C. 参考椭球面　　D. 水准面

9. 椭球面上 E 点到 F 点的大地方位角是过 E 点的(　　)与 E、F 两点之间大地线之间的夹角。

A. 平行于椭球短轴方向　　B. 子午线

C. 平行圈　　D. 卯酉圈

10.《国家重力控制测量规范》规定，对重力仪比例因子的标定，两基本点用飞机联测时，每台仪器应测定两个往返的独立结果，两个结果之差不应大于(　　)$\times10^{-8}ms^{-2}$。

A. 10　　B. 20

C. 30　　D. 40

11. 进行相对重力仪性能的动态试验，对于同一台仪器，如果每一测段的段差观测值的互差均不大于一台仪器的动态观测精度的(　　)倍，可认为该仪器的零漂是线性的。

A. 1.5　　B. 2.0

C. 2.5　　D. 3.0

12. 各等级重力点都必须测定平面坐标和高程，平面坐标和高程的测定中误差不应超过(　　)m。

A. 0.6　　B. 0.8

C. 1.0　　D. 1.2

13. 如下图所示支导线，AB 边的坐标方位角为 $\alpha_{AB}=125°30'30''$，转折角如下图所示，则 CD 边的坐标方位角 α_{CD} 为(　　)。

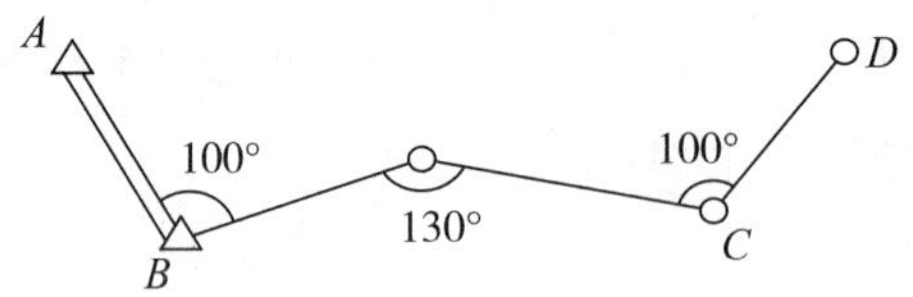

A. $75°30'30''$　　B. $15°30'30''$

C. $45°30'30''$　　D. $25°29'30''$

14. 水深测量中，1 : 10 000 比例尺测图时定位点的点位中误差不大于(　　)m。

A. 5　　B. 10

C. 15　　D. 20

15. 海图格网的绘制准确性，以其交点的直角坐标来检查；双曲线格网，每幅图不应少于(　　)个检查点，且检查点必须均匀分布。

A. 5　　B. 6

C. 7　　D. 8

16. 某沿海地区为综合开发附近一大面积海岛(礁)，在该海岛测区范围内共布设了 GNSS 控制点 30 个，视测区地形情况进行 GNSS 水准测量应联测不少于(　　)个高等级已知高程控制点。

A. 3　　B. 4

C. 5　　D. 6

17. 测绘大于 1 : 5 000 比例尺的海岸地形图，最低平面控制基础为(　　)。

A. 海控一级点　　B. 海控二级点

C. 国家四等点　　D. 测图图根点

18. 下列方法中，不可用于高层建筑物铅垂线放样的是(　　)。

A. 引张线法　　B. 激光铅垂仪法

C. 光学铅垂仪法　　D. 全站仪弯管目镜法

19. 新建立的场区平面控制网，宜布设为(　　)。

A. 自由网　　B. 闭合环线

C. 附合路线　　D. 结点网

20. 平面曲线放样时需先测设曲线的主要点。下列点中，不属于圆曲线主要点的有(　　)。

A. 直圆点　　B. 圆心点

C. 曲中点　　D. 圆直点

21. 下列测量工作，不属于建筑工程施工阶段测量工作的是(　　)。

A. 立面测量　　B. 施工放样

C. 高程传递　　D. 轴线测设

22. 采用 GNSS-RTK 方法直接测定图根点的坐标，其作业半径不宜超过(　　)km。

A. 1　　B. 3

C. 5　　D. 7

23. 城镇定线与拨地测量中用于展绘的基础图比例尺宜采用(　　)。

A. 1 : 2 000~1 : 5 000　　B. 1 : 500~1 : 2 000

C. 1 : 1 000~1 : 5 000　　D. 1 : 500~1 : 5 000

24. 1mm 级测距仪的说法是指该仪器(　　)为 1mm。

A. 测距最小读数

B. 标称精度公式中的固定误差 a

C. 标称精度公式中的比例误差系数 b

D. 测距长度为 1km 时，由电磁波测距仪器的标称精度公式计算的测距中误差

25. 导线的坐标增量闭合差调整后，应使纵、横坐标增量改正数之和等于(　　)。

A. 纵、横坐标增量闭合差，其符号相同

B. 导线全长闭合差，其符号相同

C. 纵、横坐标增量闭合差，其符号相反

D. 导线全长闭合差，其符号相反

26. 隧道洞内平面控制测量一般采用的方法是(　　)。

A. GPS 测量　　B. 导线测量

C. 交会测量　　D. 三角测量

27. 超高层建筑物施工测量进行建筑物主体日周期摆动测量的目的是(　　)。

A. 监测建筑物变形，确保施工安全

B. 测定建筑物轴线因日照产生的摆动，进行投点改正

C. 为建筑设计提供参数，以利于改进设计

D. 进行环境监测

28. 根据“忽略不计原则”，若某项误差由 m_1 和 m_2 两部分组成，即，其中 m_2 影响较小，当 m_2 小到约等于(　　)倍的 m_1 时，可把 m_2 视为忽略不计。

A. 1/2　　B. 1/3

C. 1/4　　D. 1/5

29. 立交桥工程具有线形结构复杂、施工精度高的特点。为施工方便，一般选择独立坐标系统，并将原点选在(　　)上。

A. 工地以外的西北角　　B. 工地以外的东南角

C. 工地以外的西南角　　D. 工地以外的东北角

30. 陀螺经纬仪能够自动寻找(　　)。

A. 北方向　　B. 真北方向

C. 坐标轴 X 方向　　D. 子午线方向

31. 建筑物各施工层的标高由底层(　　)传递。

A. 高程控制点　　B. 水准基点

C. ±0 标高　　D. 地面标高

32. 建立桥梁施工控制网时，控制网的坐标轴线方向应该与(　　)方向一致。

A. 测图控制网坐标轴线　　B. 磁北方向线

C. 真北方向线　　D. 桥梁主轴线

33. 陀螺经纬仪是一种将陀螺仪和经纬仪结合在一起的仪器，它可以用来测定(　　)。

A. 大地坐标　　B. 子午线收敛角

C. 坐标方位角　　D. 大地方位角

34. 当坝轴线两端点在地面标定以后，都必须将坝轴线延伸到两岸的山坡上，各埋设 1~2 个永久性标志，目的是(　　)。

A. 提高坝轴线测设精度　　B. 检查端点的位置变化

C. 作为后视方向　　D. 提高施工测量效率

35. 线路复测的目的是恢复定测桩点和检查定测质量。当复测和定测成果相比较的误差在允许范围之内，则(　　)。

A. 以定测成果为准　　B. 以复测成果为准

C. 取定测与复测成果的平均值　　D. 再次复测

36. 对于较大规模的工业与民用建筑，需要布设建筑方格网。其测设步骤分为测设主轴线、测设辅轴线、(　　)三步。

A. 测设网角点　　B. 测设方格网点

C. 测设分轴线　　D. 测设副轴线

37. 地下导线角度测量时，应该特别注意(　　)。

A. 仪器高测量　　B. 仪器对中

C. 目标高测量　　D. 现场照明

38. 在变形测量数据处理和分析的基础上，对变形体进行合理的(　　)和物理解释。

A. 几何分析　　B. 统计检验

C. 变形预报　　D. 误差检验

39. 采用已有坐标展绘成房产分幅图时，展绘中误差不超过图上±(　　)mm。

A. 0.1　　B. 0.3

C. 0.5　　D. 0.7

40. 房产用地面积测算时，需计入用地面积的是(　　)。

A. 公共使用的排水沟　　B. 市政道路

C. 权属不明的巷道　　D. 房屋占地面积

41. 房屋附属设施及其相关地物，不以其外围轮廓为准测量的部位是(　　)。

A. 亭　　B. 碑

C. 烟囱　　D. 门墩

42. 某幢楼的建筑总面积为 1 388.039m^2，共有建筑面积为 159.769m^2。若其中一套内面积为 61.465m^2，其分摊面积为(　　)m^2。

A. 6.987　　B. 7.995

C. 6.785　　D. 7.599

43. 地籍要素测量，对于测量方法的选定，一般不选用(　　)。

A. 极坐标法　　B. 图解法

C. 正交法　　D. 航空摄影测量方法

44. 植物在多光谱图像 MSS7 波段有强烈的反射峰值，其色调呈现(　　)。

A. 绿色　　B. 红色

C. 蓝色　　D. 白色

45. 某权利人拥有建筑面积为 146m^2 的一块宗地，本栋建筑物占地面积为 1 032m^2，建筑总面积为 3 247m^2，该权利人应分摊的基底面积为(　　)m^2。

A. 29.31　　B. 46.40

C. 15.17　　D. 22.24

46. 某宗地编码为 150204003005GS00037，该宗地为(　　)。

A. 集体建设用地使用权宗地　　B. 宅基地使用权宗地

C. 国家建设用地使用权宗地(地上)　　D. 国有建设用地使用权宗地(地下)

47. 当采用实地量距法量算土地面积时，面积中误差的公式是(　　)。p 为量算的面积，m^2。

A. $M_p = \pm(0.02\sqrt{p} + 0.003p)$　　B. $M_p = \pm(0.04\sqrt{p} + 0.003p)$

C. $M_p = \pm(0.02\sqrt{p} - 0.003p)$　　D. $M_p = \pm(0.04\sqrt{p} - 0.003p)$

48. 地籍图的精度要求地物点点位中误差的绝对值不应大于图上(　　)mm。

A. 0.2　　B. 0.4

C. 0.3　　D. 0.5

49. 边界线的划定情况及其历史沿革等情况，一般以(　　)形式描述。

A. 边界情况图　　B. 数字地形图

C. 文字　　D. 示意图

50. 界线测绘中，边界协议书的核心内容是(　　)。

A. 边界点位置说明　　B. 界桩属性及其与边界线的关系说明

C. 边界协议书附图　　D. 边界线走向说明

51. 机载侧视雷达距离分辨率的方向与飞行方向的关系为(　　)。

A. 垂直于飞行方向　　B. 平行于飞行方向

C. 成45°夹角　　D. 成135°夹角

52. 数字航空摄影测量采用空中三角测量时，内定向应采用(　　)进行框标坐标计算。

A. 格网变换　　B. 辐射变换

C. 多项式3次变换　　D. 仿射变换

53. HSI是一种图像处理的彩色空间模型，其中S代表(　　)。

A. 亮度　　B. 饱和度

C. 色调　　D. 色温

54. 无人机航摄对飞行平台的性能指标要求中，实用升限高于海拔(　　)m。

A. 1 500　　B. 2 000

C. 2 500　　D. 3 000

55. 航空摄影规范规定，航片编号自左至右的正确顺序为(　　)。

A. 摄区代码—分区号—航线号—航片流水号

B. 摄区代码—航线号—分区号—航片流水号

C. 分区号—摄区代码—航线号—航片流水号

D. 分区号—航线号—摄区代码—航片流水号

56. 全国第三次土地调查中，城镇内部土地利用现状调查，采用优于(　　)m分辨率的航空遥感影像资料。

A. 0.10　　B. 0.15

C. 0.20　　D. 0.25

57. 一个立体像对共有(　　)个外方位元素。

A. 3　　B. 6

C. 9　　D. 12

58. 1：1 000数字栅格地图图面分辨率不低于(　　)点/mm。

A. 8　　B. 10

C. 12　　D. 14

59. 规则格网的数字高程模型是一个二维数字矩阵，矩阵元素表示地面点的(　　)。

A. 坐标　　B. 高程

C. 坡度　　D. 坡向

60. 数字航空影像是一个二维数字矩阵，将像点的扫描坐标转换为像平面坐标的过程，称为(　　)。

A. 量化　　B. 数字影像相关

C. 数字影像配准　　D. 数字影像内定向

61. 像片倾斜误差是由于像片倾斜而引起的某地面点在该像片上的构像相对于(　　)的水平像片上的构像所产生的一段位移。

A. 同摄站、同主距　　B. 不同摄站、同焦距

C. 不同摄站、同主距　　D. 同摄站、不同焦距

62. 航片上的投影差是由(　　)引起的像点位移。

A. 地形起伏　　B. 像片倾斜

C. 摄影姿态　　D. 地球曲率

63. 遥感传感器瞬时视场内观测到的地面范围称传感器的(　　)。

A. 空间分辨率　　B. 光谱分辨率

C. 辐射分辨率　　D. 时间分辨率

64. 遥感调查工作底图的整饰内容不包含(　　)。

A. 图廓整饰　　B. 行政区划

C. 地名　　D. 地下管线

65. 下列数据格式中，不属于矢量数据格式的是(　　)。

A. .CDR　　B. .DXF

C. .PSD　　D. .AI

66. 过地面上任意一点，指向北极的方向叫真北方向。对一幅图，通常把(　　)作为真北方向。

A. 中央经线的北方向　　B. 纵坐标值递增的方向

C. 磁北针所指的方向　　D. 实地上天顶方向

67. 下列关于制图综合物体选取顺序的说法，错误的是(　　)。

A. 从主要到次要　　B. 从高等级到低等级

C. 从大到小　　D. 从点状到线状

68. 在高斯-克吕格投影中，符合地图主比例尺的是(　　)。

A. 赤道　　B. 两极

C. 中央经线　　D. 各纬线

69. 下列专题地图，属于自然地图的是(　　)。

A. 地质图　　B. 工业图

C. 农业图　　D. 交通图

70. 现行国家基本比例尺地形图分幅和编号均以1：100万比例尺地形图为基础，采用行列编号法，分别由图号、比例尺代码、图幅行列号共(　　)位码组成。

A. 6　　B. 8

C. 10　　D. 12

71. 范围法用颜色、网纹、符号乃至注记等手段来表示某些专题现象的分布范围，适宜表示下列(　　)面状现象。

A. 动物分布　　B. 地质现象

C. 土地利用状况　　D. 土壤类型

72. 在我国范围内，1∶5 万地形图的图幅经纬差是(　　)。

A. 20′×10′　　B. 30′×20′

C. 15′×10′　　D. 30′×15′

73. 制作全国各个省份人均收入水平对比的专题地图一般采用的方法是(　　)。

A. 分级统计图表法　　B. 范围法

C. 定位图表法　　D. 质底法

74.《城市基础地理信息系统技术规范》规定，城市 DRG 数据的图像分辨率不得小于(　　)dpi。

A. 100　　B. 150

C. 200　　D. 300

75. 下列地形图中，采用高斯投影 3°带的是(　　)。

A. 1∶5 000　　B. 1∶25 000

C. 1∶50 000　　D. 1∶100 000

76. 在城市地理信息系统的数据库设计阶段，对于确定的数据模型，应用(　　)定义实体之间的关系。

A. E-R 图　　B. 层次图

C. 结构图　　D. HIPO 图

77. 下列内容中，不属于普通地理图特点的是(　　)。

A. 地图内容灵活，表示方法不统一　　B. 比例尺灵活，地图投影多样

C. 有统一的数学基础和图式符号　　D. 重视反映区域地理特征

78. 进行 GIS 设计时，当用户对新系统的功能需求十分明确，系统设计可直接采用(　　)。

A. 结构化生命周期法　　B. 原型法

C. 快速原型法　　D. 演示与讨论法

79. 按照《车载导航地理数据采集处理技术规程》，根据导航应用的需求，一般情况下城市区域交通网络中要素的最大误差为(　　)m。

A. 10　　B. 15

C. 20　　D. 30

80. 地图瓦片数据组织方式采用(　　)目录结构描述。

A. 数据集、层、列　　B. 数据集、行

C. 数据集、层、行　　D. 数据集、列

二、多项选择题(每题 2 分。每题的备选选项中，有 2 个或 2 个以上符合题意，至少有 1 个是错项。错选，本题不得分；少选，所选的每个选项得 0.5 分。)

81. 关于大地水准面的特性，下列描述正确的是(　　)。

A. 大地水准面有无数个　　B. 大地水准面是不规则的曲面

C. 大地水准面是唯一的　　D. 大地水准面是封闭的

E. 大地水准面是光滑的曲面

82. 水准测量的精度可以用每千米高差中数的(　　)来评定。

A. 单位权中误差　　B. 偶然中误差

C. 理论闭合差　　D. 全中误差

E. 往返闭合差

83. 国家重力基准点的点位应满足的要求有(　　)。

A. 建在基岩上　　B. 远离铁路、公路

C. 远离变电站　　D. 建在海岸线附近

E. 远离大型矿场

84. 海岸带水下地形测量中，视设备和工作海区的情况，可选用的定位方法有(　　)。

A. GNSS 定位系统　　B. 水声定位

C. 微波测距定位系统　　D. 经纬仪前方交会法

E. 测距仪与经纬仪的极坐标法

85. 为了提高隧道工程横向贯通测量的精度，可以采取的措施包括(　　)。

A. 提高导线边长测量精度　　B. 加测陀螺定向边

C. 尽可能增大导线边长　　D. 采用三联脚架法测量

E. 增加起算点

86. 隧道洞内、洞外联系测量的主要形式有(　　)。

A. 三角测量　　B. 导线测量

C. 交会测量　　D. 水准测量

E. GNSS 测量

87. 对于开口较大、分层支护开挖较浅的竖井平面，联系测量可采用的方法有(　　)。

A. 光学投点法　　B. 悬挂钢尺法

C. 陀螺经纬仪定向法　　D. 联系三角形法

E. 激光准直投点法

88. 高层建筑物轴线投测可以采用的方法有(　　)。

A. 激光经纬仪法　　B. 垂准仪法

C. 吊坠线法　　D. 水准测量

E. GNSS 测量

89. 在房产调查中，房屋墙体归属是房屋四面墙体所有权的归属，分别有(　　)。

A. 自有墙　　B. 共有墙
C. 借墙　　D. 承重墙
E. 剪力墙

90. 宗地图是描述(　　)的图件。

A. 宗地位置　　B. 界址点线
C. 测量坐标　　D. 相邻宗地关系
E. 宗地地价

91. 界桩登记表中的界桩位置略图应标绘出(　　)。

A. 边界线　　B. 界桩点之记
C. 界桩点　　D. 界桩坐标
E. 界桩方位物

92. 空中三角测量的技术设计中，应包含的技术设计要求有(　　)。

A. 采用的坐标系统　　B. 选点规则和数量
C. 平差方法　　D. 镶嵌误差
E. 精度指标

93. 野外像片控制点的施测对于高程控制点应选择在(　　)的目标上。

A. 地势平缓的线状地物的交会处　　B. 尖山顶
C. 地角　　D. 圆山顶及鞍部处
E. 狭沟

94. 数字摄影测量数据处理中，在(　　)情况下需要进行影像的重采样。

A. 影像旋转　　B. 核线重排
C. DEM 生成　　D. DOM 生成
E. 数字微分纠正

95. 在制图综合中要正确处理居民地与道路、河流的(　　)关系。

A. 相离　　B. 包含
C. 相切　　D. 相接
E. 邻接

96. “定点符号法”是指采用不同(　　)的符号，表示各自独立的各个物体的数量与质量特征的方法。

A. 颜色　　B. 大小
C. 位置　　D. 形状
E. 时刻

97. 下列结构特点中，属于 C/S 结构特点的是(　　)。

A. 服务器集中管理数据源，接收客户机请求，并将查询结果发送给客户机
B. 客户机具有自主的控制能力和计算能力，向服务器发送请求，接收结果

C. 网络上流动的仅仅是请求信息和结果信息，流量大大降低了
D. 客户的应用程序精简到一个通用的浏览器软件
E. 一个服务器专门响应用户的请求，另外一个服务器管理数据库

98. 车载导航电子地图应按地图显示级别显示不同详细程度的要素内容，大于 1 : 25 000 比例尺的电子地图至少应显示的背景信息有(　　)。

A. 地貌　　B. 水系
C. 铁路　　D. 绿地
E. 地下管线

99. 在线地理信息数据的数据源主要由(　　)组成。

A. 矢量数据　　B. 地下管网数据
C. 影像数据　　D. 元数据
E. 三维模型数据

100. 网络地理信息服务在地名、地址数据生产过程中，需要特别注意的内容是(　　)。

A. 比例尺　　B. 数据组织
C. 几何表达　　D. 数据建模
E. 属性赋值

“测绘综合能力”仿真试卷十二

一、单项选择题（每题 1 分，每题的备选选项中，只有 1 项符合题意。）

1. 一、二等水准测量，在一般地区水准标石埋设后，应经过(　　)方可进行水准测量。

A. 1 个冻解期　　B. 1 个雨季

C. 1 个月　　D. 3 个月

2. GNSS 网选站址点位应避开多路径影响，(　　)m 以内的各种固定反射物应标注在点之记环视图上。

A. 10　　B. 30

C. 50　　D. 70

3. 某点子午收敛角是指该点子午线方向与(　　)之间的夹角。

A. 真北方向　　B. 磁北方向

C. 大地线　　D. 坐标纵轴

4. 在角度测量中，盘左盘右观测可以减弱或消除(　　)对角度观测的影响。

A. 对中误差　　B. 视准轴误差

C. 度盘刻划误差　　D. 照准误差

5. 一条附合水准路线共设 n 站，若每站水准测量中误差为 m，则该路线水准测量中误差为(　　)。

A. $m\sqrt{n}$　　B. $m/\sqrt{n}$

C. $m\times n$　　D. m/n

6. 精密水准测量，每一段测段的往返测，测站数应设为偶数，往测转向返测时，互换两支标尺的位置，目的是消除(　　)。

A. i 角误差　　B. 标尺垂直位移误差

C. 两水准标尺零点差　　D. φ 角误差

7. 国家级似大地水准面精化时，所利用的数字高程模型的分辨率不应低于(　　)。

A. 3″×3″　　B. 5″×5″

C. 15″×15″　　D. 30″×30″

8. 区域似大地水准面精化时，下列测量工作中，不需要进行的是(　　)。

A. 水准测量　　B. 垂直测量

C. GNSS 测量　　D. 重力似大地水准面计算

9. 导线测量垂直角观测时，各等级导线点每一方向按中丝法应观测(　　)测回。

A. 3　　B. 4

C. 5　　D. 6

10. 采用全站仪(TPS)进行精密水平角测量，下列因素中，对测角精度无影响的是(　　)。

A. 大气水平折光　　B. 仪器对中误差

C. 温度变化对视准轴的影响　　D. 大气垂直折光

11. 采用短程测距仪进行精密距离测量，观测值不需要进行的改正项是(　　)。

A. 气象改正　　B. 加常数改正

C. 乘常数改正　　D. 波道弯曲改正

12. 下列数据中，属于 GNSS 连续运行基准站网数据处理中需要准备的是(　　)。

A. 重力观测数据　　B. 水准观测数据

C. 太阳和月亮星历　　D. 似大地水准面模型数据

13. 如下图，水准点 A、B 间布设单一水准路线，$S_{AB}=16\text{km}$，其中 P 点位为最弱点，观测高差 h_1 和 h_2 为相互独立的观测值，若 P 点的高程中误差小于 10mm，则设定的观测精度每千米观测高差的中误差应小于(　　)mm。

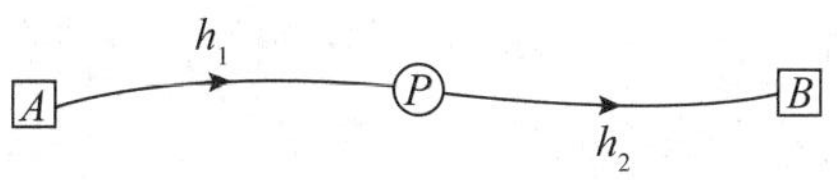

A. 5　　B. 10

C. 15　　D. 20

14. 海图上表示的方位系观测者由海上观测目标的(　　)。

A. 方位角　　B. 磁方位角

C. 真方位角　　D. 坐标方位角

15. 使用回声探测仪测量海水深度，在置信度 95% 的条件下，海水深度处于 50～100m 区间时，测量极限误差最大为(　　)m。

A. ±0.4　　B. ±0.6

C. ±0.8　　D. ±1.0

16. 海控二级点相对于起算点的点位中误差为(　　)cm。

A. ±30　　B. ±50

C. ±70　　D. ±90

17. 航海图的投影选择，当比例尺为(　　)及更大比例尺的图，必要时可采用高斯-克吕格投影。

A. 1∶10 000　　B. 1∶20 000

C. 1∶30 000　　D. 1∶50 000

18. 斜井或平峒开拓的矿山，一般采用(　　)方法将地面平面坐标系统传递到井下。

A. 导线测量　　B. 钢尺或钢丝导入高程

C. 三角高程　　D. 一井定向或两井定向

19. 某地下管线中心的埋深为0.9m，探测该管线隐蔽点的位置误差不得超过(　　)cm。

A. ±2.5　　B. ±5.0

C. ±7.5　　D. ±10.0

20. 点云数据最通用的存储格式是(　　)。

A. LAS　　B. XYZ

C. PTC　　D. IMP

21. 下列测量工作中，不属于建筑物竣工测量工作内容的是(　　)。

A. 平面位置测量　　B. 高程及高度测量

C. 四至关系测量　　D. 控制测量

22. 变形监测网的精度应根据变形体的(　　)来确定。

A. 范围与形状　　B. 灵敏度

C. 允许变形值　　D. 监测方法

23. 在工程建设和运营阶段，建立的工程控制网是(　　)。

A. 测图控制网　　B. 施工控制网

C. 安装控制网　　D. 变形监测网

24. 某丘陵地实施管线工程，设计所用地形图比例尺为1：2 000，基本等高距为1m，在线路不超过坡度5%的条件下选定一条最短路线，则该路线经过相邻等高线之间的图上最短水平距离为(　　)mm。

A. 10　　B. 20

C. 30　　D. 40

25. 某山地水域困难地区等高距为1m的1：1 000比例尺地形图上，等高线插求点相对于邻近图根点的高程中误差最大可为(　　)m。

A. ±0.5　　B. ±1.0

C. ±1.5　　D. ±2.0

26. 规划定线、拨地测量应进行校核测量，其校核内容不包括(　　)。

A. 控制点校核　　B. 图形校核

C. 坐标校核　　D. 面积校核

27. 某丘陵地区施测1：2 000比例尺地形图，基本等高距为2m，利用三角高程导线方法观测的图根控制点的高程中误差不超过(　　)m。

A. ±0.1　　B. ±0.2

C. ±0.3　　D. ±0.4

28. 对大坝和桥梁水平位移、地面沉降进行变形监测，最适宜的测量方法是(　　)。

A. GPS 测量　　B. InSAR 测量

C. 准直测量　　D. 摄影测量

29. 住宅楼的共有建筑面积以(　　)为单元进行分摊。

A. 各层　　B. 幢

C. 小区　　D. 丘

30. 利用图解法在1：1 000比例尺房产图上进行面积测算，某房屋两次测算结果分别为900.11m^2、899.09m^2，此房屋面积测算的两次较差应不超过(　　)m^2。

A. ±9.00　　B. ±18.00

C. ±0.90　　D. ±0.18

31. 下列房屋建筑附属设施中，按《房产测量规范》，不计算建筑面积的是(　　)。

A. 层高小于2.2m的地下室和半地下室　　B. 无顶盖的室外楼梯

C. 未封闭阳台、挑廊　　D. 有顶盖不封闭的永久性架空通廊

32. 某房产测量界址点的坐标 Y = 38 375 025.366，X = 4 565 068.789，其点的编号可编为383457565(　　)00278。

A. 1　　B. 2

C. 3　　D. 4

33. 下列分类信息中，不属于农村土地承包经营权数据库内容的有(　　)。

A. 定位基础　　B. 等高线

C. 正射影像　　D. 发包方信息

34. 平坦地区1：500比例尺地籍图上，邻近地物点间距较差允许误差不应超过(　　)mm。

A. ±0.2　　B. ±0.4

C. ±0.6　　D. ±0.8

35. 下列工作内容中，不属于日常地籍调查内容的是(　　)。

A. 日常土地权属调查　　B. 日常地籍测量

C. 地籍数据建库　　D. 成果资料的检查、整理、变更与归档

36. 地籍数据库的内容包括地籍区、地籍子区、土地权属、(　　)、土地利用数据等。

A. 宗地面积　　B. 地理国情普查

C. 地形要素　　D. 基础地理数据

37. 相邻两省利用1：10 000比例尺地形图作为省界勘界工作用图，则该界线上界址点测绘的平面位置中误差不应超过(　　)m。

A. ±0.4　　B. ±0.6

C. ±0.8　　D. ±1.00

38. 边界调查内容包括实地调查、(　　)、编写边界情况说明与绘制主张线图等。

A. 绘制边界情况图　　B. 绘制边界地形图

C. 绘制边界点情况图　　D. 绘制边界线情况图

39. 相邻两省的省简码分别是11、12，其省级边界线上的一号界桩是单立界桩，该界桩的编号应为(　　)。

A. 11120011　　B. 1112001A

C. 1112001S　　D. 1112001Q

40. 航空摄影时，为了防止影像模糊，航摄仪应加装(　　)。

A. 滤光片　　B. 减震器

C. 自动曝光装置　　D. 影像位移补偿装置

41. 机载激光雷达系统主要部分由(　　)存储控制系统组成。

A. 侧视雷达、IMU、GPS　　B. 相机、IMU、GPS

C. 多光谱仪、IMU、GPS　　D. 飞行器、IMU、GPS

42. 对数字航空摄影机进行检校的主要目的之一是精确获得摄影机内方位元素值及(　　)。

A. CCD 面阵坏点　　B. 变焦范围

C. 外方位线元素　　D. 外方位角元素

43. 在丘陵地和小城镇进行航空摄影时，太阳高度角应大于(　　)。

A. 20°　　B. 30°

C. 40°　　D. 50°

44. 沙漠、戈壁滩等地面反光强烈的地区，一般在当地正午前后各(　　)h 内不应摄影。

A. 1.0　　B. 1.5

C. 2.0　　D. 2.5

45. 雨后绿色植被表面水滴未干时不应进行(　　)摄影。

A. 彩红外　　B. 真彩色

C. 假彩色　　D. 黑白

46. 某 1：1 000 地形图摄影项目在同一摄区内共航摄像片 200 张，则出现最大旋偏角的像片数不应超过(　　)张。

A. 4　　B. 6

C. 8　　D. 10

47. GPS 辅助空中三角测量最主要的作用是(　　)。

A. 摄影飞机导航　　B. 提供摄影瞬间飞机的姿态参数

C. 提供摄影仪的内方位元素　　D. 提供摄影瞬间航摄仪中心位置的初值

48. 数字正射影像图的地面分辨率在一般情况下不应大于(　　)m(制图比例尺)图。

A. 0.000 1　　B. 0.000 2

C. 0.000 3　　D. 0.000 4

49. 像片控制测量的全野外布点方案不需要进行(　　)。

A. 内业加密　　B. 布设控制点

C. 布设高程点　　D. 立体测图

50. 下列投影类型中，经纬线表现为相互正交的平行直线的是(　　)。

A. 正轴圆柱投影　　B. 方位投影

C. 圆锥投影　　D. 正轴方位投影

51. 下列内容中，不属于地图印刷成图质量要求的是(　　)。

A. 地图图外整饰质量　　B. 印刷品墨色网点

C. 各色套印误差　　D. 印刷品外观

52. 地图设计中，制图分析的目的是(　　)。

A. 着重了解制图区域中不重要的对象　　B. 为设计合适的地图编绘提供帮助

C. 为地图制作工艺设计做准备　　D. 确定地图制图生产的工作量大小

53. 下列特征中，不属于制图综合图形形状简化的基本要求的是(　　)。

A. 保持轮廓图形和弯曲形状的基本特征

B. 保持弯曲转折点的相对精确度

C. 保持不同地段弯曲程度对比

D. 保持图形形状直线的不变性

54. 对于建筑密集街区，进行形状概括的原则是(　　)。

A. 删除为主、合并为辅　　B. 合并为主、删除为辅

C. 简化为主、选取为辅　　D. 合并为主、分割为辅

55. 地图编制中，河流注记一般采用(　　)。

A. 水平排列　　B. 垂直排列

C. 雁行排列　　D. 屈曲排列

56. 渠道形状概括时，其制图综合主要是(　　)。

A. 图形分割　　B. 图形夸大

C. 图形化简　　D. 图形移位

57. 对于山区公路“之”字形弯曲，为了保证其特征又不过多地使道路移位，常采用(　　)方法。

A. 删除　　B. 分割

C. 共线　　D. 移位

58. 下列设计中，不属于地图数学基础设计的是(　　)。

A. 地图投影的设计　　B. 经纬网格密度的设计

C. 确定地图比例尺　　D. 地图图幅设计

59. 单元测试主要采用的测试技术方法是(　　)。

A. 白盒　　B. 黑盒

C. 集成测试　　D. 确认测试

60. 下列关于需求规格说明书的说法中，错误的是(　　)。

A. 是在系统分析的基础上自底而上的任务模型

B. 是联系系统需求分析与系统设计的重要桥梁

C. 提交审议的一份必要工作文件

D. 审议通过则成为有约束力的技术文件

61. 下列工作中，不属于数据库设计需求分析的是(　　)。

A. 调查用户需求　　B. 需求数据的收集和分析

C. 编制用户需求说明书　　D. 数据库的信息结构分析

62. GIS 数据库概念设计步骤包括实体的提取、确定各实体属性、定义实体间的关系、绘制 E-R 图、(　　)等。

A. 合并 E-R 图并优化　　B. 定义数据流

C. 定义数据结构　　D. 完整性设计

63. 下列特点中，不属于 C/S 模式特点的是(　　)。

A. 网络流量小　　B. 便于数据录入

C. 交互操作少　　D. 存储速度快

64. 下列关于属性数据库的结构内容，说法错误的是(　　)。

A. 表：一种按行列排列的逻辑组

B. 字段：表中一列称为一个字段，字段可以包括各种字符、数字，不包含图形

C. 记录：数据库中任意两个记录都不能相同

D. 键：索引，可以是唯一也可以不是

65. 数据库中各种数据属性与组成的数据集合称为(　　)。

A. 数据模型　　B. 数据类型

C. 数据字典　　D. 数据结构

66. 下列 GIS 系统测试过程中，顺序正确的是(　　)。

A. 单元测试、确认测试、模块测试　　B. 单元测试、模块测试、集成测试

C. 单元测试、集成测试、确认测试　　D. 单元测试、集成测试、模块测试

67. 下列关于元数据库设计的说法中，错误的是(　　)。

A. 是描述数据的数据，主要内容有空间数据集的内容、质量、精度、管理方式等

B. 是空间数据的交换基础，作为分析阶段的工具

C. 是空间数据标准化与规范化的保证

D. 一定程度上为空间数据的数量提供了保障

68. 在 GIS 开发设计过程中，数据库的建立是在(　　)阶段完成的。

A. 系统分析　　B. 系统设计

C. 系统实施　　D. 系统运行与维护

69. GIS 详细设计时，用户界面设计原则不包括(　　)。

A. 置界面于用户控制之下　　B. 减少用户记忆负担

C. 保持界面一致性　　D. 增加界面美感与体感设计

70. 下列设计内容中，不属于 GIS 软件用户界面设计的是(　　)。

A. 交互设计　　B. 结构设计

C. 视觉设计　　D. 代码设计

71. 对地图要素进行定义的属性数据，通常是以(　　)形式表现的。

A. 矢量数据　　B. 栅格数据

C. 块状编码　　D. 特征码

72. 下列内容中，不属于 GIS 体系结构设计的是(　　)。

A. 系统构建的关键技术　　B. 系统模块流程逻辑设计

C. 模块体系及接口设计　　D. 数据及数据库体系结构设计

73. 目前，地图数字化采用较多的方法是(　　)。

A. 键盘输入　　B. 扫描字符识别

C. 数字化跟踪　　D. 屏幕矢量化

74. 相关规范规定，车载电子地图中，一级功能道路通常由(　　)显示。

A. 紫色　　B. 红色

C. 绿色　　D. 橙色

75. 下列信息中，不属于导航电子地图 POI 内容的是(　　)。

A. 道路名　　B. 铁路数据

C. 交叉点　　D. 邮编检索

76. 导航电子地图生产中通过外业专业人员利用专业设备实地采集的相关信息不包括(　　)。

A. 新增或变化道路和形状　　B. 道路网络连接方式

C. 行政区域界线　　D. 相关兴趣点(POI)

77. 下列内容中，不属于导航电子地图保密处理的是(　　)。

A. 坐标脱密处理　　B. 境界审查和修改

C. 使用汇编语言编程　　D. 敏感信息处理

78. 网络地图服务系统的"公共服务平台"总体架构，主要由(　　)组成。

A. 运行支持层、数据层、服务层　　B. 运行支持层、数据层、应用层

C. 运行支持层、应用层、服务层　　D. 运行支持层、服务层、扩展层

79. 对于涉密广域网环境中的网络地理信息服务，需从(　　)6 个层面建立安全保密防护系统。

A. 物理、网络、主机、存储介质、应用、数据

B. 物理、传输、主机、存储介质、应用、数据

C. 物理、发布、主机、存储介质、应用、数据

D. 物理、发布、主机、存储介质、服务、数据

80. 地名地址信息以(　　)来表达，可以利用该标识点实现相应地理实体的空间定位。

A. 地名地址名称　　B. 地名地址代码

C. 境界实体最小粒度　　D. 地理位置标识点

二、多项选择题(每题 2 分。每题的备选选项中，有 2 个或 2 个以上符合题意，至少有 1 个是错项。错选，本题不得分；少选，所选的每个选项得 0.5 分。)

81. GNSS 连续运行基准站点获得 2000 国家大地坐标系的坐标成果，一般需要经过(　　)过程。

A. 历元归算　　B. 板块运动改正
C. 坐标转换参数获取　　D. 框架转换
E. 成果验收

82. 全球卫星导航定位连续运行基准站设备组成部分包括(　　)。
A. GNSS 接收机　　B. GNSS 接收机天线
C. 气象设备　　D. 地震设备
E. 电源设备

83. 2000 国家大地坐标系采用的地球椭球参数主要有(　　)。
A. 椭球长半轴　　B. 椭球扁率
C. 地球重力场二阶带谐系数　　D. 地心引力常数
E. 地球自转角速度

84. 当相邻两验潮站的控制范围互不重叠时，两验潮站的瞬时水深可采取(　　)进行水深改正。
A. 直线分带法　　B. 时差法
C. 分带内插法　　D. 解析模拟法
E. 同步改正法

85. 工业设备形变检测的常用方法有(　　)。
A. 近景摄影测量　　B. 电子经纬仪前方交会
C. 激光准直测量　　D. GNSS-RTK 测量
E. 全站仪基于极坐标的三维坐标测量

86. 线路竣工测量的主要工作内容有(　　)。
A. 中线测量　　B. 土方测量
C. 高程测量　　D. 横断面测量
E. 纵断面测量

87. 规划验收测量对建筑物高度进行测量的内容有(　　)。
A. 建筑物高度　　B. 室内地坪高程
C. 室外地坪高程　　D. 层数
E. 层高

88. 下列建筑物附属设施中，需要按照房屋自然层计算建筑面积的是(　　)。
A. 位于建筑物内部的电梯井、楼梯间　B. 位于建筑物外部的采光井
C. 位于建筑物内部的烟道、通风井　　D. 位于建筑物内部的天井
E. 位于建筑物内部的管道井

89. 下列数据中，属于农村土地承包经营权确权登记数据库需要交换的数据内容是(　　)。
A. 地理信息数据　　B. 权属数据
C. 元数据　　D. 土地利用数据
E. 房屋面积产权数据

90. 某省级边界线上的部分界桩编号分别为 1112131S、1112001Q、1112002A，编号完全正确，下列在其边界上的界桩编号错误的有(　　)。
A. 1112130S　　B. 1112132S
C. 1112001A　　D. 1211001Q
E. 1112002B

91. 下列内容中，属于相机校检参数文件的是(　　)。
A. 焦距　　B. 主点偏移
C. 畸变参数　　D. 扫描分辨率
E. 镜片保养说明

92. 利用不规则三角网表示数字高程模型，优势包括(　　)。
A. 更适合表达复杂地形表面　　B. 数据量小
C. 便于增加特征点、线　　D. 数据结构简单
E. 计算快捷

93. 下列关于像控点的布设原则中，错误的是(　　)。
A. 距像片边缘应大于 1cm
B. 布设的控制点不可公用
C. 不需要现场踏勘
D. 位于自由图边的，应布设在图廓线内
E. 应选择在旁向重叠中线附近，与方位线的距离小于 3cm

94. 在航测法地形图成图内业上交成果的质量检查中，应包括的内容有(　　)。
A. 像控点刺点精度　　B. 模型接边
C. 地形图接边　　D. 地物丢漏
E. 数据大小

95. 下列地图表示方法中，可以用来表示海底地貌的方法有(　　)。
A. 等深线法　　B. 晕渲法
C. 质底法　　D. 水深注记
E. 分层设色法

96. 系统功能获取及分析常用的方法有(　　)。
A. 结构化分析方法　　B. 逻辑性分析方法
C. 面向对象分析方法　　D. 快速原型化分析方法
E. 归纳演绎性分析方法

97. GIS 系统可行性研究的主要内容有(　　)。
A. 数据源调查与评价　　B. 系统支持状况
C. 技术可行性评估　　D. 社会经济效益
E. 用户需求

98. GIS 系统功能分析中结构化分析方法主要用(　　)工具来表达。

A. 图标　　B. 数据字典
C. 数据流程图　　D. 对象图
E. 业务流程图

99. 下列背景信息中，对于车载电子地图产品必须在电子地图所显示范围呈现的是(　　)。
A. 境界　　B. 铁路
C. 水系　　D. 绿地
E. 地下管线

100. 互联网地图服务系统运行维护的内容主要有(　　)。
A. 数据更新与维护　　B. 系统网络架构设计
C. 改造与升级管理　　D. 系统故障管理
E. 性能管理与优化

仿真试卷一参考答案及解析

一、单项选择题

1.【D】水准点的高程采用正常高系统，按照 1985 国家高程基准起算。青岛国家原点高程为 72.260m。

2.【A】H 为大地高，从公式可知正常重力随着离开椭球面高度变大而减小的规律。

3.【B】GNSS 选站时应尽可能使测站附近的小环境与周围的大环境保持一致，目的是减少气象元素的代表性误差。

4.【B】一般在计曲线上选择平缓处将其断开，注记计曲线的高程，字头朝向高处。

5.【B】B、C、D、E 级网 GNSS 观测值均应加入对流层延迟改正，对流层延迟改正模型中的气象元素可采用标准气象元素。

6.【B】GNSS 网约束平差时观测量完全都是 GNSS 基线向量；而联合平差时观测量不仅包括 GNSS 基线向量，还包括地面常规测量的观测量，如边长、角度、方向和高差等。两种平差的主要不同点是所采用的观测值不同。

7.【D】GNSS 网约束平差和联合平差的目的是确定各点在指定坐标参考系下的坐标，而判别是否存在粗差基线、调整各基线向量观测值的权、确定各点在地心地固系下的相对位置关系属于无约束平差的目的。

8.【A】二等水准测量测站限差规定检测间歇点高差之差不大于 1.0mm。

9.【A】重力仪静态试验，在经固体潮改正后，应绘制仪器静态零点漂移曲线，检查零漂性线度。

10.【D】国家似大地水准面精化中，所利用的数字高程模型的分辨率不应低于 30″×30″。

11.【B】三维七参数为了解算出 7 个未知参数，至少需要有 7 个方程式。而每一个重合点只可以列出 3 个方程式，故至少需要有 3 个重合点，才能列出足够的方程式。

12.【D】水准路线闭合差 $w=H_A-h_1-h_2-h_3-H_B=10\text{mm}$。水准路线闭合差的调整原则是反号按距离成正比分配，得 $h_{2改}=1.501\text{m}$，而 CD 间高差平差值为 $-h_{2改}=-1.501\text{m}$。

13.【C】各种地形、地物的高程、明礁高度从高程基准面向上起算。礁石采用不同的基准面：①明礁的高程从高程基准面起算；②干出滩(礁)高度从深度基准面向上起算；③海底及水下障碍物深度从深度基准面向下起算；④暗礁则从深度基准面向下起算；⑤适淹礁是位于深度基准面上的礁石。

14.【B】海洋控制点分为：海控一级点、海控二级点和测图点，直接用于测图比例尺 1：5 000 水深测量的最低平面控制点是海控二级点。

15.【D】实测海岸地形时，海岸线以上向陆地方向测进：大于(含)1∶1 万比例尺为图上 1cm；小于 1∶1 万比例尺为图上 0.5cm。密集城镇及居民区可向陆地测至第一排建筑物。图上 0.5cm，实地 125m。

16.【A】海岸地形测量的标准图幅尺寸为 50cm×50cm，或与水深测量图幅尺寸一致。

17.【C】场区控制网，应充分利用勘察阶段的已有平面和高程控制网。原有平面控制网的边长，应投影到测区的主施工高程面上，并进行复测检查。精度满足施工要求时，可作为场区控制网使用。否则，应重新建立场区控制网。

18.【B】施工放样控制网的精度应根据建筑物放样精度来确定。

19.【B】编绘竣工总平面图分三步：选择图幅大小与比例尺，绘制底图，编绘竣工总图。

20.【A】地形图的平面精度通常采用图上地物点相对于邻近图根点的点位中误差来衡量。

21.【A】相邻点之间应通视良好，其视线与障碍物的距离，三、四等不宜小于 1.5m；四等以下宜保证便于观测，以不受旁折光的影响为原则。

22.【B】分组观测应包括两个共同方向(其中一个为共同零方向)。其两组观测角之差，不应大于同等级测角中误差的 2 倍。分组观测的最后结果，应按等权分组观测进行测站平差。

23.【C】水平角观测误差超限时，应在原来度盘位置上重测，并应符合下列规定：①一测回内 $2C$ 互差或同一方向值各测回较差超限时，应重测超限方向，并联测零方向；②下半测回归零差或零方向的 $2C$ 互差超限时，应重测该测回；③若一测回中重测方向数超过总方向数的 1/3，应重测该测回。

24.【A】水准测量高差闭合差的分配原则是反号按距离成正比分配。

25.【B】根据题意，设控制点误差为 m_1，放样误差为 m_2，安装误差为 m_3。按照“忽略不计原则”，可知 $m_2=3m_1$；$m_3=5\text{mm}$；由于 $m_3^2=m_1^2+m_2^2=m_1^2+(3m_1)^2=10m_1^2$，可得出：$m_1^2=m_3^2/10$，$m_1=\sqrt{25/10}=1.58\text{mm}$。

26.【A】为了提高三角高程测量的精度，通常采取对向观测竖直角推求两点间高差，以减弱大气垂直折光误差的影响。

27.【A】地形图成果质量元素有 5 个：①数学精度；②数据结构正确性；③地理精度；④整饰质量；⑤附件质量。

28.【D】曲线测设的方法有多种，常见的有：极坐标法、坐标法、偏角法、切线支距法等。但“三角测量法”不属于曲线测设的方法。

29.【D】流动站作业的有效卫星数不宜少于 5 个，PDOP 值应小于 6，并应采用固定解成果。

30.【B】分丘图是分幅图的局部图，是绘制房屋产权证附图的基本图。

31.【A】无顶盖的室外楼梯按水平投影计算一半建筑面积。

32.【C】多户共有的房屋，在幢号后面加编共有权号，共有权号用标识符 B 表示。

33.【B】分幅图上应表示的房地产要素和房产编号包括丘号、房产区号、房产分区号、丘支号、幢号、房产权号、门牌号、房屋产别、结构、层数、房屋用途和用地分类等，根据调查资料以相应的数字、文字和符号表示。当注记过密容纳不下时，除丘号、丘支号、幢号和房产权号必须注记，门牌号可首末两端注记、中间跳号注记外，其他注记按上述顺序从后往前省略。

34.【A】土地利用现状调查以图斑为基本单元。

35.【A】《第三次全国国土调查技术规程》13.3.1.3 规定，要素采集界线与调查界线的移位最大为图上 0.2mm。

36.【A】《第三次全国国土调查技术规程》10.2.1.2 规定，最小上图图斑面积：建设用地和设施农用地实地面积 200m^2；农用地实地面积 400m^2；其他地类实地面积 600m^2，荒漠地区可适当降低精度，但不得低于 $1\ 500\text{m}^2$。对于有更高管理需求的地区，建设用地最小调查面积可定为 100m^2。

37.【D】《第三次全国国土调查技术规程》18.1.3.2 规定，内业抽检城镇土地调查成果的 30%~50%。

38.【A】全国第三次土地调查核查的重点地类是建设用地图斑。

39.【B】在界桩位置测定中，采用的高等级 GNSS 控制点坐标的相对精度水平方向应优于 10cm，垂直方向应优于 20cm。

40.【C】界桩位置略图中的界桩符号用直径 1.5mm 的圆圈表示，界线符号用 0.3mm 的实线表示，方位物方向线用 0.1mm 的实线绘出。

41.【A】为消除空中蒙雾亮度的影响，通常采用添加航摄滤光片。航摄中滤光片的选择与应用主要有：①根据空中蒙雾亮度的强弱，选择滤光片的颜色；②根据地面景物的波谱特性尽可能选择浅颜色或 UV 镜；③根据地物信息，应与景物波谱特性和航摄胶片的感色性匹配。

42.【B】DMC 数字航摄仪镜头系统由 8 个镜头组合而成，4 个全色镜头，4 个多光谱镜头(红、绿、蓝以及近红外)。

43.【A】ADS 系列数字航摄仪镜头采用线中心投影设计，它的全色波段采用了三行 CCD 线阵同时对前视、下视和后视三个方向进行推扫，其中最适合制作正射影像的是垂直下视影像。

44.【C】航摄分区划分应根据成图比例尺确定分区最小跨度。

45.【A】严格按照规范规定的太阳高度角要求选择航摄时间。

46.【A】(框幅式)数字航摄仪所有镜头向中间略微倾斜的目的是确保成像有重叠。

47.【A】像对的基线长度 $b=L(1-P)=0.23\times(1-0.8)=4.6\text{cm}$。

48.【D】航空摄影机像场角的大小可分为常角、宽角和特宽角 3 种。像场角≤75°，叫常角；像场角在 75°~100°，叫宽角；像场角≥100°，叫特宽角。对于立体测图，应选用宽角或特宽角航摄机。

49.【D】其核心思想是采用动态差分 GNSS 技术和 IMU 技术直接在飞行过程中测定传感器的瞬时位置和姿态参数，从而实现无或极少地面控制点的传感器定位和定向及目标地物坐标信息。

50.【B】主距是摄影机物镜后节点到像片面的垂距。

51.【A】航空摄影时，平地高度角应大于 20°，阴影倍数不大于 3。

52.【B】相对定向完成的标志是模型上的上下视差为 0，即消除了模型上同名像点的上下视差。

53.【C】影像匹配实质上是在两幅(或多幅)影像之间识别同名点。

54.【D】要素采集宜首先采集水系、道路、居民地等，再采集其他要素。基础控制点宜按坐标准确导入。

55.【C】地形模型是用于表示地面起伏形态的三维模型。

56.【C】《地理国情普查内容与指标》规定，地理国情监测中，采用的基本最小图斑为 20×20 像素。

57.【A】我国绝大多数省(区)处于中纬度地区，一般都采用圆锥投影。

58.【B】分层设色法是以一定的颜色变化次序或色调深浅来表示地面高低起伏的地貌表示方法。能显示各高程带的范围、不同高程带的面积对比，具有立体感。

59.【A】带点符号，以其点作定位点，如三角点、埋石点等。图形符号，以其几何中心作定位点，如独立房、油库、小居住区、饲养场、贮水池、土坑、土堆、水车、发电厂等。宽底符号，以其底边的中心点作定位点，如古塔、碑、庙、独立石、水塔、狐峰、旧碉堡、蒙古包、独立大坟、独立树丛等。底部成直角符号，以其直角顶点作定位点，如独立树、路标、信号灯、气象台等。底部为开口的符号，以其下方两端点连线的中心为定位点，如果这个符号的中心位置上标有一点，则此点为定位点，如窑、山洞、亭等。组合图形符号，以其主体部分的中心作定位点，如塔形建筑、泉、无线电杆、变电所、峰丛等。其他图案符号，以其中心作定位点，如桥、底线溶斗、矿井、水闸、拦水坝、滚水坝等。

60.【D】我国标准地形图上湖水的性质往往是借助水部的颜色来区分，一般用浅蓝色和浅紫色分别表示淡水和咸水。

61.【C】等值线法最适用于像地形起伏、气温、降水、地表径流等布满整个制图区域的均匀渐变的自然现象。

62.【A】对原纸张进行裁切，光边尺寸不超过 3mm。

63.【C】居民地由街区和外围的独立房屋组成时，圈形符号配置在街区图形上。

64.【C】副图：补充说明主图内容不足的地图，内容补充图就是把主图上没有表示，但却又是相关或需要表示的内容，以副图的形式表达。移图：制图区域的形状、地图比例尺与制图区域的大小难以协调时，可将主图的一部分移到图廓内较为适宜的区域。附图：位置图、重点区域扩大图、行政区划略图、某要素的专题地图、嵌入图等。

65.【A】空间对象可以抽象成点、线、面、曲面和体等多种数据类型及其组合。其中，点为零维矢量，线为一维矢量，面为二维矢量，体为三维矢量，时间可以列为四维。

66.【B】拓扑邻接指存在于空间图形同类要素之间的拓扑关系；拓扑关联指存在于空间图形中不同类要素之间的拓扑关系；拓扑包含指存在于空间图形中同类但不同级的基本要素之间的拓扑关系。

67.【A】中心归属法每个栅格单元的值以网格中心点对应的面域属性值来确定，对于具有连续分布特征的地理要素，如降水分布、人口密度等问题首要选用中心法。

68.【C】需求分析是整个空间数据库设计与建立的基础，主要进行调查用户需求、需求数据的收集和分析以及编制用户需求说明书三项工作。

69.【C】矢量数据的分析方法有包含分析、缓冲区分析、叠置分析、网络分析。

70.【D】GRID，IMG，TIFF 等格式为 ESRI 支持的栅格数据格式。

71.【A】禁止飞行区域面积的计算问题是基于面要素多边形边界的缓冲区分析。

72.【A】E-R 图以矩形框表示实体类型；以菱形表示联系类型；以椭圆表示实体类型和联系类型的属性。

73.【C】元数据的作用有促进数据集的高效利用，并为计算机辅助软件工程服务。帮助数据生产单位有效地维护和管理数据；提供有关数据生产单位的各种有关信息供用户查询；帮助用户了解数据；提供有关信息，以便用户处理和转换有用数据。

74.【D】非拓扑编辑：删除、移动、剪切和粘贴节点；分割或合并多边形；线条的简化、加密和平滑。拓扑编辑：构建地图要素之间拓扑关系，确保计算机能够辨认地图上的节点、弧段和多边形；发现地图数字化错误；消除数字化错误。

75.【A】系统安全管理包括两个方面的内容：数据安全、系统安全。数据安全：物理隔离、数据备份容灾(本地、异地备份)。系统安全：防火墙、数据加密和用户授权、防病毒、系统容灾。

76.【A】导航数据库中道路要素和属性是核心，道路网络的拓扑建立是导航数据最基本也是最重要的内容。

77.【C】电子地图所显示范围内的境界、铁路、水系、绿地，按照地图显示级别显示不同详细程度的要素内容 0 级(小于 1：250 000)：省界以上(包括省界)境界、主要水系、干线铁路；一级(1：250 000~1：25 000)：水系、铁路；二级(大于 1：25 000)：水系、铁路、绿地。

78.【D】采用 RGB 的紫色、红色、绿色、橙色、棕色和灰色分别对应一级、二级、三级、四级、五级、六级功能道路。

79.【C】网络覆盖服务(WCS)，网络要素服务(WFS)，网络瓦片地图服务(WMTS)。

80.【D】地下管线数据属于机密数据。

二、多项选择题

81.【AB】GNSS 定位中，存在三部分误差：①多台接收机公有误差，如：卫星钟误差、星历误差；②传播延迟误差，如：电离层误差、对流层误差；③接收机固有误差，如：内部噪声、通道延迟、多路径效应。采用差分定位，可以完全消除第一部分误差，可以大部分消除第二部分误差(视基准站至用户的距离而定)。

82.【ADE】对于一、二等水准测量，要求进行改正计算的是：①水准标尺每米长度误差改正；②正常水准面不平行改正；③水准标尺温度改正；④重力异常改正；⑤日月引力影响改正。对于三、四等水准测量，要求进行改正计算的是：①水准标尺每米长度误差改正；②正常水准面不平行改正；③路(环)线闭合差改正。

83.【ACD】方向观测法，是以两个以上的方向为一组，从初始方向开始，依次进行水平方向观测，正镜半测回和倒镜半测回，照准各方向目标并读数的方法。当一测站的待测方向数不超过 3 个时可用方向观测法。当超过 6 个时，可将待测方向分为方向数不超过 6 个的若干组，分别按此法进行，称分组方向观测法。全组合测角法，每次取两个方向组成单角，将所有可能组成的单角分别采取测回法进行观测。

84.【ABDE】干出滩的综合原则：孤立滩不舍、成群滩合并，扩大干出滩。

85.【ACD】横断面测量数据可作为道路路基设计、上石方计算的依据和施工时路基填挖边界的依据，而纵断面图是设计线路纵向坡度、桥面位置、隧道洞口位置的依据。

86.【ABC】解析：电磁波测距观测值进行改正主要包括：①对仪器系统误差进行改正；②大气折射率变化引起的改正；③归算改正。

87.【ABE】影响三角高程测量精度的因素有测距误差、天顶距观测误差、仪器高、觇标高量取误差。

88.【ABC】提高三角高程测量精度的四项措施：①缩短视线。②对向观测垂直角。③选择有利的观测时间。一般情况下，中午前后观测垂直角最有利。④提高视线高度。

89.【ACE】柱廊以柱的外围为准，图上只表示四角或转折处的支柱；门廊以柱或围护物外围为准；独立柱的门廊以顶盖投影为准。

90.【ACD】农家乐中的餐饮、娱乐等的用地，按商服用地调查；生态园中的旅游景点的用地，按特殊用地调查。其他均为设施农用地。

91.【ABCE】基本农田图斑界线不可以作为地类图斑的划分依据，其他的均可。

92.【ABD】界桩位置略图中界桩符号、界桩编号、界线符号用红色标绘，其他要素用黑色标绘。

93.【ABC】量测型航空摄影机框标的主要作用有：①可建立像片坐标系；②进行相机检校；③内定向。

94.【ABDE】属于数字航摄仪检定项目的有：①自准直主点坐标；②检定主距；③径向畸变差；④CCD 面阵坏点等。而框标坐标属于胶片航摄仪检定的项目。

95.【BCDE】同一要素几何图形应在图廓线外无缝接边。

96.【ABC】地图注记设计的内容由字体、字色、字号、字隔、位置以及排列方式(注记配置)等要素构成。

97.【ABCD】等高线的形状应随删去碎部而改变，同一斜坡的等高线图形应协调一致，强调显示地貌基本形态的特征，反映地貌类型方面的特征。进行等高线图形概括时，常用的方法是：删除、移位、夸大或合并。

98.【ADE】地理空间数据是地理信息系统操作的对象，它具体描述地理实体的空间特征、属性特征和时间特征。

99.【CD】地理信息工程的实施主要有以下几个步骤：①系统分析：用户需求调研与可行性研究。②系统设计：工程实施方案与总体设计、详细设计。③系统实施：数据整理分析、开发与测试。④培训、试运行与调试(优化完善)。⑤系统运维：系统维护和评价。

100.【BCD】《车载导航地理数据采集处理技术规程》7.9.2 规定：交通灯表示为点要素；路面标志、安全设备根据数据表达精度的不同表示为点要素或线要素；人行横道可根据数据表达精度不同表示为点要素、线要素或面要素。

仿真试卷二参考答案及解析

一、单项选择题

1.【D】水准面是一个重力等位面，在同一水准面上重力位能都相等。由于重力加速度随纬度和物质的分布情况而变化，所以同一水准面的高程不等；重力异常也随地壳内部物质密度不均匀而不一样。

2.【D】常见坐标系所用基本常数对比如表 2 所示。

表 2　**常见坐标系采用的基本常数**

椭球基本常数	2000 国家大地坐标系	1980 西安坐标系	WGS-84 坐标系
椭球长半轴 a	6 378 137m	6 378 140m	6 378 137m
地球形状因子 J	$1\ 082.629\ 832\ 58\times10^{-6}$	$1\ 082.63\times10^{-6}$	$1\ 082.63\times10^{-6}$
引力常数 G 与地球质量 M 乘积 GM	$3.986\ 004\ 418\times10^{14}\text{m}^3/\text{s}^2$	$3.986\ 005\times10^{14}\text{m}^3/\text{s}^2$	$3.986\ 004\ 418\times10^{14}\text{m}^3/\text{s}^2$
地球自转角速度 ω	$7.292\ 115\times10^{-5}$ rad/s	$7.292\ 115\times10^{-5}$ rad/s	$7.292\ 115\times10^{-5}$ rad/s

由上表分析可知，地球自转角速度一致，而 2000 国家大地坐标系与 WGS-84 坐标系也只是地球形状因子存在微小差异，其扁率也不同。

3.【B】一、二等导线距离测量技术要求，每时间段观测的最多测回数为 10。

4.【D】一时段观测过程中不应进行的操作：①接收机重新启动；②进行自测试；③改变卫星截止高度角；④改变数据采样间隔；⑤改变天线位置；⑥按动关闭文件和删除文件等功能键。

5.【D】对于新出厂和经过修理的重力仪必须进行比例因子的标定，用于作业的重力仪每两年应进行一次比例因子的标定。

6.【A】一、二等水准观测，应根据路线土质选用尺桩(尺桩质量不轻于 1.5kg，长度不短于 0.2m)或尺台(尺台质量不轻于 5kg)作为转点尺承，所用尺桩数，应不少于 4 个。特殊地段可采用大帽钉作为转点尺承。

7.【B】图根控制点(包括高级控制点)的密度，应以满足测图需要为原则，一般应不低于表 3 的要求。

表 3　**图根控制点密度**

测图比例尺	1∶500	1∶1 000	1∶2 000
图根控制点的密度(点数/ km^2)	64	16	4

8.【B】为了减少隙动差，每次读数时必须向同一方向旋转读数轮。
9.【C】分辨率高于 30′×30′，精度优于±5mGal 的重力异常成果；精度优于±1m 的高程异常成果；精度优于±3″的垂线偏差成果属于机密级成果。
10.【D】地下水沉降，是影响绝对重力观测值变化的主要因素之一。
11.【D】可以采取选择有利观测时间、采用对向观测方法、提高观测视线的高度、利用短边传算高程的措施减弱大气垂直折光影响。
12.【D】方法一，先计算高差闭合差，后按测站数反比例分配。

$(20.15-1.38)-(16+3.1)=0.02m$；$19.12-\frac{0.02}{6+4}\times 6=19.108m$。

方法二，按加权平均值的通式计算：

$$x=\frac{p_1l_1+p_2l_2+\cdots+p_nl_n}{p_1+p_2+\cdots+p_n}=\frac{[pl]}{p}=\frac{19.12\times 1/6+19.1\times 1/4}{1/6+1/4}=19.108m。$$

13.【A】验潮的目的主要有两个：①确定各验潮站的多年平均海面、深度基准面、各分潮的调和常数；②确定水位改正数。
14.【A】定位误差不大于±5cm，并使误差椭圆的长轴与测线方向平行。
15.【B】1∶25 万及更小比例尺海底地形图采用墨卡托投影；大于 1∶25 万比例尺海底地形图采用兰勃特等角圆锥投影。
16.【A】《海底地形图编绘规范》规定，当基本等高距不能完善地显示沿岸平坦地区的山头、高地时，可加绘半距等高线。
17.【A】很多工程控制网可以越级布网或者先布设低级控制网，后布设高级控制网，有时次级网的相对精度不低于首级网。
18.【C】测图控制网要满足 1∶500 比例尺地形图的要求，即图上 0.1mm。
19.【A】模拟法是根据经验和准则，通过计算、比较和修改得到的优化方案。该方法适用于一、二、三类设计。零类设计(基准设计)、一类设计(网形设计)、二类设计(权设计)、三类设计(改进设计)。
20.【C】变形监测网观测要求各期观测方案保持一致的目的是消除周期观测中存在的系统误差。
21.【B】测量时区分一般窗户、转角直角窗户、转角弧形窗户和凸窗及阳台窗户的主要目的是确定日照计算基准面。
22.【A】对于日照分析中的落地门窗、组合门窗、阳台封窗的阳台高度，应该按室内地坪 0.9m 的高度计算。
23.【C】水下地形图测绘的工作内容主要包括定位、测深、绘图等。定位方法主要包括无线电差分定位、全站仪定位、GNSS 差分定级、水下声学定位。目前定位方法主要采用 GNSS 测量方法。
24.【B】GNSS 数据处理时用的是一点一方向约束平差，所选点位间的高差不能太大的原因是顾及垂线偏差的影响。
25.【B】建筑物高度测量包括高度、层数、建筑物室内、外地坪高度测量。
26.【A】为了利用高精度的国家大地测量成果，在满足工程精度的前提下，工程控制网一般采用国家统一的 3°带高斯平面直角坐标系。
27.【C】直角坐标法适用于施工控制网为建筑方格网或建筑基线的形式，且量距方便的地方；极坐标法，使用灵活，只要满足通视条件都可用；角度交会法适用于测设点离控制点较远或量距较困难的场合；距离交会法适用于测设点离两个控制点较近，且地面平坦，便于量距的场合。
28.【C】工程地形图上，地物点相对于临近图根点的点位中误差要求水域地区不应超过图上 1.5mm。
29.【C】测图控制网的特点：控制范围大，点位分布密度尽量均匀，点位的选择取决于测区的地形条件，精度取决于测图比例尺等。
30.【C】对新建商品房一般采用第二级精度要求；对其他房产建筑面积测算精度可采用第三级精度要求；其余有特殊要求的用户和城市商业中心黄金地段可采用第一级精度要求。
31.【B】独立柱的门廊测量应以顶盖投影为准。
32.【A】玻璃幕墙等作为房屋外墙的，按其外围水平投影面积计算。
33.【A】楼梯间、电梯(观光梯)井、提物井、垃圾道、管道井等均按房屋自然层计算面积。
34.【B】界址点基本精度见表 4。

表 4　**界址点基本精度(单位：cm)**

界址点类别	界址点对临近图根点点位误差		相邻界址点间距允许误差	适用范围
	中误差	允许误差		
一	±5	±10	±10	街坊外围界址点及街坊内明显界址点
二	±7.5	±15	±15	困难地区隐蔽界址点

35.【C】土地权属调查内容主要包括土地权属状况和界址、绘制宗地草图、填写地籍调查表、签订土地权属界线协议书或填写土地权属争议缘由书等。
36.【D】四等网或 E 级网以下网最弱点相对于起算点的点位中误差不得超过 5cm。
37.【C】新设宗地、界址发生变化的宗地，原宗地代码不再使用，新宗地代码在该地籍子区内相应宗地特征码的最大宗地顺序号后续编。
38.【A】单立界桩的类型码为 Q。
39.【C】采用 GPS 静态相对定位技术测定界桩点位置时，观测基线最大间距为 80km。
40.【D】航空摄影作业通常通过飞机的导航系统来控制航线方向、航线间距以及像片曝光间隔等；航高差主要靠气压计来控制。

41.【B】数字航空摄影中，标准点位区落水时，应沿水涯线均匀选择连接点。

42.【A】GPS 接收机天线在飞机平飞状态时应处于水平位置。

43.【A】机载 IMU/GPS 辅助航摄飞行期间基站和机载 GPS 接收机数据采样间隔最大为 1s。

44.【B】专题遥感数据制作流程主要包括收集遥感影像资料、制作正射影像图、制作遥感调查工作底图、调查与采样、影像解译和制作专题遥感数据成果等环节。

45.【D】制作遥感影像平面图时，使用纠正公式对影像逐像元进行纠正，纠正误差最大不得超过图上 0.5mm。

46.【D】三维模型制作的数据生产提交的主要成果包括：模型几何源数据、模型纹理源数据、模型平台成果数据、质量检查记录、质量检查(验收)报告、技术总结报告、相关文件参数等。

47.【C】城市三维建模的模型命名通常是由建模单元编码+模型类型+模型细节层次+模型顺序号部分组成。

48.【A】在航空摄影过程中，相邻像片的主点连线与像幅沿航线方向两框标连线的夹角称为像片旋偏角。

49.【B】地表植被及其覆盖物(如洪水、积雪、农作物等)对摄影和成图的影响最小。

50.【B】成图比例尺 1 : 1 000 对应的航摄比例尺为 1 : 3 500~1 : 7 000。

51.【B】合成孔径雷达是利用一个小天线沿着长线阵的轨迹等速移动并辐射相参信号，把在不同位置接收的回波进行相干处理，从而获得较高分辨率的成像雷达。

52.【B】DMC 数字航摄仪的镜头由 4 个全色镜头+4 个多光谱镜头组合而成。

53.【B】确保因飞机地速的影响，在曝光瞬间造成的像点位移一般不应大于 1 个像素，最大不应大于 1.5 个像素。

54.【A】地图通常是采用真北方向定向。大于 1 : 10 万地形图才有三北方向。

55.【D】QuickBird 影像可用于制作的最大成图比例尺为 1 : 5 000。

56.【A】分级统计图法，按行政区划或经济区划以颜色深浅不同表示专题内容的相对指标，如人口密度、耕地占全区土地面积的百分比。

57.【C】无论是正轴方位投影还是横轴方位投影或是斜轴方位投影，等变形线都是以投影中心为圆心的同心圆，所不同的是在横轴和斜轴方位投影中，主方向和等高圈垂直圈一致，而经纬线方向不是主方向。

58.【C】地图符号感受效果中，产生数量感的最有效的变量是尺寸。

59.【A】在专题地图上通常用红色和蓝色箭头分别表示暖流和寒流。

60.【C】地图上大于等于 0.4mm 宽度的河流采用双线符号表示，所以 1 : 2.5 万地形图上，10m 以上应采用双线表示。

61.【A】在正轴方位投影中，纬线投影为同心圆，经线为同心圆半径，两经线间的夹角与实地经度差相等。

62.【B】等高线高程注记，通常选注在计曲线平滑处，用棕色数字注出，字头方向朝向山顶。

63.【A】地图集投影设计的宗旨在于保持制图区域内的变形为最小，地图集开本主要取决于地图集的用途和方便使用，地图集内容的设计取决于地图集的用途与性质。

64.【A】居民地内有街道通过时，当街道两侧有街区，应以街区边线代替街道线；当街道一侧有街区，则在另一侧加绘街道线。

65.【C】专题地图按内容可以分为自然地理图、社会经济地图和其他专题地图。农业图属于经济地图，气候图、水文图属于自然地理图。

66.【C】数据印前处理包括数据格式转换及地图符号、注记的压印透明化处理、拼版、组版、数码打样等。

67.【D】地图成果质量检查的要求不包括数据成果的安全性。

68.【C】地图集设计的主要内容不包括组版设计。

69.【B】从区域所在的地理位置来说，两极地区采用正轴方位投影；东、西半球图采用横轴方位投影。

70.【C】地图的数学基础包括地图投影、比例尺和地图定向，其中地图投影和比例尺是最主要的。影响地图数学基础设计的因素有：①地图的用途与要求；②制图区域的地理位置、形状和大小；③地图的幅面及形式。

71.【B】数据库是指以一定方式储存在一起、能为多个用户共享、具有尽可能小的冗余度的特点、与应用程序彼此独立的数据集合。

72.【B】数据库逻辑结构设计的主要任务是将概念模型转换为 DBMS 可处理的数据库。

73.【B】确认测试又称有效性测试，是在模拟的环境下，运用黑盒测试的方法，验证被测软件是否满足需求规格说明书列出的需求。

74.【A】人员需求不属于地理信息系统设计需求调查内容。

75.【D】数据网络结构属于网络体系结构设计的内容。

76.【D】通视分析可以分为五类：①已知一个或一组观察点，找出某一地形的可见区域；②欲观察到某一区域的全部地形表面，计算最少观察点数量；③在观察点数量一定的前提下，计算获得的最大观察区域；④以最小代价建造观察塔，要求全部区域可见；⑤在给定建造代价的前提下，求最大可见区。

77.【D】键可以是唯一的，也可以不是，取决于它(们)是否允许重复。

78.【C】①中心归属法：取位于栅格中心的属性值为该栅格的属性值。②面积占优法：栅格单元属性值为面积最大者，常用于分类较细，地物类别斑块较小的情况。③重要性法：取重要的属性值为栅格属性值。用于具有特殊意义的较小地物。④长度占优法：每个栅格单元的值由该栅格中线段最长的实体的属性来确定。

79.【C】导航电子地图数据库模型设计构建要素的存储结构，并设置与其他要素之间的逻辑关系，保证导航的实现。

80.【C】用于地理信息公共服务平台的电子地图数据中，第 17 级数据使用的数据源比例尺可以是 1 : 5 000。

二、多项选择题

81.【BDE】参考椭球面是测量计算的基准面，但是在野外实地测量得到的数据是地面水平方向的观测值。处理这些数据时就需要将观测成果(方向、距离等)归算到椭球面上，需要在观测成果上加入垂线偏差改正、标高差改正和截面差改正，统称三差改正。

82.【ABCE】应进行固体潮改正、气压改正、极移改正和光速有限改正，以及进行相应的观测高度改正，分别归算到离墩面 1.3m 和墩面，以获得 1.3m 处和墩面处的观测重力值。

83.【ACD】GNSS 测量外业数据质量检查的内容主要有：①观测卫星总数；②数据可利用率；③多路径效应影响；④ GNSS 接收机钟的日频稳定性。

84.【ABE】海水密度与温度、盐度、压力有关；海水盐度与海水深度、纬度有关。

85.【BCDE】海岸地形测量的标准图幅尺寸为 50cm×50cm，或与水深测量图幅尺寸一致。

86.【DE】工程控制网设计中，变形监测网和精密工程控制网应进行优化设计。

87.【BC】控制网优化设计时费用准则可着重考虑造标埋石和观测两项费用。

88.【ADE】地形图的质量元素包括：数学精度、数据结构的正确性、地理精度、整饰质量、附件质量 5 个。其中，数学精度包括数学基础、平面精度、高程精度三个质量子元素。控制网的质量元素包括：数据质量(数学基础、观测和计算质量)、点位质量、资料质量。

89.【AD】地下工程高程测量可以采用水准测量和三角高程测量。

90.【BC】房屋附属设施测量，柱廊以柱外围为准；檐廊以外轮廓投影、架空通廊以外轮廓水平投影为准；门廊以柱或围护物外围为准，独立柱的门廊以顶盖投影为准；挑廊以外轮廓投影为准。阳台以底板投影为准；门墩以墩外围为准；门顶以顶盖投影为准；室外楼梯和台阶以外围水平投影为准。

91.【BCE】①地籍要素：各级行政界线要素、界址要素、地籍号、地类、坐落、土地使用者或所有者及土地等级等内容。②数学要素：平面坐标系统、内外图廓线、格网线及坐标注记、控制点点位及其注记、地籍比例尺、地籍分幅索引图、本幅地籍图分幅编号、图名及图幅整饰等内容。③地形要素(地物要素)：建筑物、道路、水系、地貌、土壤植被、注记等。

92.【ACE】数字线划图的数据检查主要包括空间参考系、位置精度、属性精度、完整性、逻辑一致性、表征质量和附件质量 7 个方面；数字高程模型的数据检查主要包括空间参考系、高程精度、逻辑一致性和附件质量 4 个方面。

93.【ABC】制作数字高程模型(DEM)主要采用的方法有航空摄影测量方法、利用空间传感器方法以及地形图扫描矢量化法，而更大比例尺的才使用三维激光扫描法。

94.【ABCD】在视觉变量中，引起等级感的主要因素是尺寸和亮度，色彩和密度在一定条件下也能产生等级感，而形状和方向则无等级的感觉。

95.【AB】地图投影选择和比例尺大小确定了地图内容的数学精度。

96.【ABE】高斯-克吕格投影是一种横轴等角切椭圆柱投影；墨卡托投影是正轴等角圆柱投影；彭纳投影是等积伪圆锥投影。兰勃特投影有两种：①等角圆锥投影，适于制作沿纬线分布的中纬度地区中、小比例尺地图；②等积方位投影，设想球面与平面切于一点，按等积条件将经纬线投影于平面而成。

97.【ABC】竹林、灌木林采用散列式依比例符号表示。

98.【BDE】系统性能需求：①数据精确度；②时间特性(如响应时间、更新处理时间、数据转换

与传输时间、运行时间等)；③适应性(在操作方式、运行环境、其他软件的接口以及开发计划等方面发生变化时，具有的适应能力)。

99.【ABDE】GIS 数据质量包括位置精度、属性精度和逻辑一致性、完备性和现势性。

100.【CDE】数据输出设计的内容包括：①确定数据输出的产品形式和要求；②选择符号库系统或设计符号库；③文本和表格设计；④确定数据转出的数据转换标准和格式转换的接口。

仿真试卷三参考答案及解析

一、单项选择题

1.【B】$m(m \geqslant 3)$ 台 GNSS 接收机同步观测值中，由 $m-1$ 条独立基线构成观测方程。

2.【B】GNSS 水准方法进行区域似大地水准面精化时，如不考虑重力似大地水准面的确定误差，则其精度主要取决于 GPS 测定大地高的精度。

3.【A】大地高是从地面点沿法线到参考椭球面的距离。即大地高的起算面是参考椭球面。

4.【D】三角高程测量，是通过观测两点间的水平距离和竖直角求两点间高差的方法，选择合适的观测时间段有利于消除垂直折光的影响。有利观测时间段包括：①在阴天或者光照不强的时间段；②日出后 1~3h，地面处于吸热过程，此时大气层密度较均匀。不利观测时间段包括：①日出后 30min 内；②日落前 30min 内；③太阳中天前后各 1.5h 左右。

5.【D】水准测量规范规定，一等水准路线上的每个水准点均应测定重力。

6.【B】RTK 碎部点测量时，当测区面积较大，采用分区求坐标系统的转换参数时，相邻分区应不少于 2 个重合点。

7.【A】在精密水准测量中为了减小或削弱 i 角误差对观测高差的影响，外业观测中一般采用视距相等、改变观测程序的组合方法进行。

8.【B】在测定地面点重力时，同时要较高精度测其高程，其直接目的是求重力异常的空间改正。

9.【B】减少度盘分划误差的影响，应使各测回变换度盘位置。

10.【C】水准点标石的类型除基岩水准标石须按地质条件作专门设计外，其他水准点的标石类型应根据冻土深度及土质状况按下列原则决定：

①有岩层露头或在地面下不深于 1.5m 的地点，优先选择埋设岩层水准标石。

②在沙漠地区或冻土深度小于 0.8m 的地区，埋设混凝土柱水准标石。

③在冻土深度大于 0.8m 或永久冻土的地区，埋设钢管水准标石。

④有坚固建筑物(房屋、纪念碑、塔、桥基等)和坚固石崖处，可埋设墙脚水准标志。

⑤在水网地区或经济发达地区的普通水准点，埋设道路水准标石。

11.【A】市级似大地水准面精化中，计算采用的格网平均重力异常分辨率应不低于 2.5′×2.5′。

12.【C】一、二等导线边距离测量中，每边观测总测回数不得超过 16。

13.【A】编绘航海图时，不精确的等深线一般按原资料表示，短于 10mm 时可改为精确表示。

14.【D】单元尺寸按电子海图类别分为：

总图(标识符 A)	经差 8°×纬差 8°
近、远海航行图(标识符 B)	经差 4°×纬差 4°
沿岸航行图(标识符 C)	经差 1°×纬差 1°
海峡水道图(标识符 D)	经差 30′×纬差 30′
港湾图(标识符 E)	经差 15′×纬差 15′

15.【B】海岸线至水深零米线间的沙滩称为干出滩。

16.【D】在海底地形变化极其复杂的海区，常采用垂直正投影进行编辑。

17.【A】工程地形图成果质量元素包括数学精度、数据及结构正确性、地理精度、整饰质量、附件质量。

18.【D】水域地区(地形倾角 $\alpha \geqslant 25°$)等高距为 2m 的 1∶2 000 比例尺地形图上，等高线插求点相对于临近图根点的高程中误差为 3m。

19.【D】平硐岩石标用于变形监测网的基准点。

20.【B】计算过程如下：

$$H_B = H_A + \sum_{i=1}^{n} \Delta h_i = H_A + \sum_{i=1}^{n} (a_i - b_i)$$
$$= 4.3 + (1.255 - 0.52) + (30.255 - 1.51) = 33.780\text{m}$$

21.【A】$\alpha_T + \Delta$ = 真方位角(大地方位角)，根据真方位角 = 坐标方位角 + 子午收敛角 = 磁方位角 + 磁偏角可以推算出。

22.【C】城镇详细规划设计阶段需要的地形图比例尺一般为 1∶2 000。

23.【B】每一个工区应在隐蔽管线点中均匀分布、随机抽取不应少于隐蔽管线点总数的 1%且不少于 3 个点进行开挖验证。

24.【B】量测埋深中误差不得超过±2.5cm。

25.【C】每一个工区必须在隐蔽管线点和明显管线点中分别抽取不少于各自总点数的 5%，通过重复探查进行质量检查。

26.【A】图根点的精度，相对于基本控制点的点位中误差不应大于图上±0.1mm，高程中误差不应大于测图基本等高距的 1/10，对于 1∶500 比例尺的地形图平面位置精度要求为 500×0.1mm = 0.05m。

27.【A】采用数字测记模式的全站仪数据采集时，仪器对中、整平、定向完成后，须通过测定另一已知点来校核，平面位置较差不得超过图上 0.2mm，高程较差不得超过 1/6 基本等高距。因此，500×0.2mm = 0.10m。

28.【C】对于大桥或特大桥，采用跨河水准测量建立桥梁施工高程控制网时，应将两岸的水准路线连成统一的水准网，必须采用精密水准测量方法进行观测。

29.【B】按照《房产测量规范》附录 A4 的规定，产别：10 国有，20 集体，30 私有，40 联营企业，50 股份制企业，60 港澳台投资，70 涉外房产，80 其他房产；在图上注记的时候，只注记一级分类代码，注记一位，后面的"0"应舍去。

30.【A】房屋的主要边线与图框边线平行，按房屋的方向横放或竖放，并在适当位置加绘指北方向符号。

31.【C】独立地物的测量，应根据地物的几何图形测定其定位点。亭以柱外围为准；塔、烟囱、罐以底部外围轮廓为准；水井以中心为准。构筑物按需要测量。

32.【C】①在他人用地范围内所建的房屋，应在幢号后面加编产权号，房产权号用标识符 A 表示。②多户共有的房屋，在幢号后面加编共有权号，共有权号用标识符 B 表示。

33.【A】地籍平面控制测量可采用卫星定位测量、导线测量或边角组合测量等方法。卫星定位测量、边角组合测量可布设各等级地籍平面控制网，导线测量可布设除二等外其他等级的地籍平面控制网。

34.【B】采用实测数据解析法测算宗地面积时，应只参加闭合差计算，不参加闭合差配赋。

35.【A】对于不规则形状的土地，将其分解成若干相对规则图形的土地，分别量算各图形面积后再加总的土地面积测算方法是几何图形法。

36.【A】地籍图的内容包括行政区划要素、地籍要素、地形要素、数学要素和图廓要素。

37.【C】地籍图精度要求相邻地物点的间距中误差不得大于图上 0.4mm。

38.【B】变更前后均为解析法量算的宗地面积，如原界址点坐标或界址点间距满足精度要求，则该宗地面积保持原面积不变。

39.【B】在地形图上能准确可靠判断其点位未设界桩的边界点，可以在该地形图上量取其坐标和高程。点位量测精度应满足不大于所用最大比例尺地形图图上 0.2mm。

40.【C】边界线的走向说明是对边界点位置和边界走向进行文字描述，是边界协议书的核心内容。

41.【A】航空摄影测量加密是一种利用航空遥感影像通过解析计算来确定地面目标点的空间位置及影像外方位元素的区域网平差。

42.【D】航线间隔宽度 =(1-0.4)×23cm = 13.8cm。

43.【D】航空摄影规范要求摄影分区内实际航高与设计航高之差不得大于设计航高的 5%。

44.【D】像片控制点应选在旁向重叠中线附近，对于 18(23)cm×18(23)cm 像幅的像片，离开方位线的距离应大于 3.0(4.5)cm。

45.【B】共线条件方程中的像点坐标指的是像平面坐标。

46.【B】数字高程的格网尺寸依据比例尺选择，通常 1 : 500 ~ 1 : 2 000 的格网尺寸不应大于 $0.001M_{图}$($M_{图}$为成图比例尺分母)，1 : 5 000~1 : 100 000 不应大于 $0.000\,5M_{图}$。

47.【A】采用全野外布点方案的像片控制测量，不需要做内业加密。

48.【D】若航向重叠度为 80%，旁向重叠度为 30%，那么航摄像片所能达到的最大重叠像片数为：由重叠度分析可知，航向最大重叠 5 张，旁向最大重叠 2 张，能达到最大重叠 10 张。

49.【A】DOM 制作前需要通过外业实测或者在已有地形图、正射影像图上采集控制点，主要用于正射纠正。

50.【A】数字影像资料不包含航摄原始底片，胶片影像资料才有航摄原始底片。

51.【C】进行压平检查时，定向点(标准配置点)方位线的距离不得小于 9.5cm，检查点应分布均匀，每个像对不少于 10 点。

52.【B】数字摄影测量系统中，利用计算机的影像匹配，通过自动量测 6 对以上同名点像片坐标来解算相对定向元素。

53.【A】航测法成图作业中，立体测图是基于空间前方交会的原理。

54.【A】①距离分辨率：垂直于飞行方向，在天线方向上，能区分两个物体的最小尺寸。俯角越大，距离分辨率越小；俯角越小，距离分辨率越大。②方位分辨率：平行于飞行方向，在飞行方向上，能区分两个物体的最小尺寸。发射波长越短，天线孔径越大，距离目标地物越近，方位分辨率越高。

55.【B】一般参考图和中小学教学用的地图，常选用任意投影方式。

56.【B】1 : 25 万地形图应在图幅内绘经纬线网，其经纬线间隔为 15′×10′。

57.【A】专题地图表示方法的选择主要取决于制图现象的分布特点。

58.【D】专题地图中专题内容的表示应突出显示在第一层平面上，而地理底图要素则作为背景要素显示在第二层平面。

59.【D】比例尺代码如表 5 所示。

表 5　**比例尺代码**

比例尺	1 : 50 万	1 : 25 万	1 : 10 万	1 : 5 万	1 : 2.5 万	1 : 1 万	1 : 5 000
代码	B	C	D	E	F	G	H

60.【D】晕渲法是地图上表示地貌的一种比较常用的方法，应用阴影原理，以色调的阴暗、冷暖变化表现地形立体起伏的一种方法，立体感非常好。

61.【C】制图综合中，对无明显延伸方向的圆形孤立小山头、两条以上等高线表示的小山头、位于山体斜坡上的小山头等对象只能取舍不能合并。

62.【B】不同的形状和颜色都可以反映所示事物的质量。

63.【C】质底法是将全制图区域按照专题现象的某种指标划分区域或各种类型的分布范围，在各界线范围内涂以颜色，以显示连续而布满全制图区域的现象的属性差别。如制作地质图、地貌图、土壤图、植被图、土地利用图、行政区划图、自然区划图、经济区划图等。

64.【B】首曲线即是基本等高线，按基本等高距由零点起算而测绘，通常用细实线描绘；计曲线是加粗等高线，每隔 4 条基本等高线描绘 1 条计曲线。每 5 条等高线之间必有 1 条计曲线，所以 202~207 之间的 6 条等高线，205 为计曲线，不属于基本等高线。

65.【D】在地形图上，当独立地物符号和街道线或街区发生重叠和冲突时，可以中断街道线，街区留空绘出。

66.【D】在地形图上真子午线是指东西内图廓线。东西内图廓线的指向是南北，在图框内是左右的那两条图廓线。

67.【D】计算矩形分幅地图的图廓点坐标的方法取决于地图的定向、中央经线的位置和坐标起始点等条件。

68.【B】地形图上基本线条的粗为 0.1mm，基本点为 0.15mm，主要是根据视敏度来设计的。

69.【A】海量空间数据的管理主要采用的是分幅管理空间数据的方法。

70.【A】多边形叠加分析，其结果是将原来的多边形要素分割成新要素，新要素综合了原来两层或多层的属性。

71.【A】最有效的描述空间物体地理分布及与之相关的属性的技术是地理信息系统技术。

72.【C】拓扑属性：①一个点在一个弧段的端点；②一个弧段是一个简单弧段；③一个点在一个区域的边界上；④一个点在一个区域的内部；⑤一个点在一个区域的外部；⑥一个点在一个环的内部；⑦一个面是一个简单的面；⑧一个面的连接性。

非拓扑属性：①两点之间的距离；②一个点指向另外一个点的方向；③弧段的长度；④一个区域的周长；⑤一个区域的面积。

73.【D】ALAC 测试是基于客户使用产品的知识开发出来的测试方法。

74.【D】GIS 基础软件(五大子系统)：①数据输入子系统：是将现有地图、外业观测成果、航空像片、遥感数据、文本资料等转换成计算机兼容的数字形式的各种转换软件。②图形及属性编辑子系统。③空间数据库管理子系统。④空间查询与空间分析子系统。⑤制图与输出子系统。

75.【A】占据存储空间最大的栅格数据编码方法是直接编码法。

76.【D】确定某一县境内公路的类型以及不同级别道路的里程，是线与面之间的包含分析。叠置分析是对新要素的属性按一定的数学模型进行计算分析，其中往往涉及逻辑交、逻辑并、逻辑差等的运算。根据操作要素的不同，叠置分析可以分成点与多边形叠加、线与多边形叠加、多边形与多边形叠加；根据操作形式的不同，叠置分析可以分为图层擦除、识别叠加、交集操作、对称区别、图层合并、修正更新和空间联合。

77.【B】GIS 总体设计在系统定义阶段确定系统建设的目标和任务之后，需要进行系统的总体设计。GIS 总体设计阶段的主要任务是将系统需求转换为数据结构和软件体系结构，即数据设计和体系结构设计。

78.【D】导航电子地图 POI 包括一般兴趣点、道路名、交叉点、邮编检索、地址检索等内容。

79.【C】渡口的内部结构及其属性不可以表达，但是渡口位置可以表达。

80.【C】在线地理信息系统主要包括数据生成与管理、在线服务、运维监控、应用四个层面，分别承担在线地理信息数据生成与维护管理、服务发布、服务管理与用户管理以及应用系统开发等任务。

二、多项选择题

81.【ACDE】DJ_2 型经纬仪只适合三等以下跨河水准测量。

82.【ABC】似大地水准面精化中，影响其精度的因素有 GPS 水准点的精度和密度、重力测量的精度和密度、DEM 的分辨率和精度。

83.【ABE】①同一条等高线上的点高程相等；但是，高程点相同的不一定在同一条等高线上。②等高线为闭合曲线，不在图内闭合就在图外闭合，因此在图内，除遇房屋、道路、河流等地物符号以外，不能中断。③除遇悬崖等特殊地貌，等高线不能相交。④等高距相同的情况下，等高线越密，即等高线平距越小，地面坡度越陡；反之，等高线越稀，即等高线平距越大，地面坡度越缓。⑤等高线遇山脊线或山谷线应垂直相交，并改变方向。

84.【BCE】海图按照内容分为普通海图和专题海图，其中海底地势图和海底地形图属于普通海图，专题海图包括自然现象海图(海洋水文图、海洋生物图、海洋重力图)和社会经济现象海图(航海历史图、海上交通图、海洋水产图)。

85.【ADE】海图上的潮信资料主要有地点、位置、平均高潮间隙、平均低潮间隙、大潮升、小潮升、平均海面。

86.【ADE】常用的数字法测图的方法有全站仪测图、GNSS-RTK 测图、数字摄影测量、遥感测图方法等。而“平板仪测图”和“经纬仪测图”属于模拟法测图。

87.【ABD】DEM 特别适合定量分析和三维建模，只有 DSM 可以用于制作真正射影像图。

88.【BE】①联系测量是通过平硐、斜井、竖井将地面的平面坐标系统及高程系统传递到地下，使地面与地下建立统一的坐标及高程系统；分为竖井平面联系测量(竖井定向)、竖井高程联系测量(竖井高程传递)。②平硐、斜井的平面联系测量采用导线测量，高程联系测量采用水准测量、三角高程测量。③竖井平面联系测量采用吊锤线的几何定向法。竖井高程联系测量采用钢尺(或钢丝)导入法、光电测距仪导入法。

89.【BDE】在 1∶1 000 比例尺地形图上为半比例符号的是小路、田埂、围墙。

90.【ABCD】房屋应分幢测绘，以外墙勒脚以上外围轮廓的水平投影为准，装饰性的柱和加固墙等一般不表示；临时性的过渡房屋及活动房屋不表示；同幢房屋层数不同的应绘出分层线。窑洞只绘住人的，符号绘在洞口处。架空房屋以房屋外围轮廓投影为准，用虚线表示；虚线内四角加绘小圈表示支柱。

91.【ABE】地籍测绘工作结束后，应提交下列成果资料：①文字成果应包括技术设计、技术总结、工作总结、土地利用分类统计分析报告、检查报告及验收报告等；②图件成果应包括各等级控制网展点网图、点之记、原始观测记录、平差计算资料及成果表，仪器检定资料，包含街道、街坊分区示意图等的地籍索引图、地籍图及其分幅接合表，界址点坐标、面积计算成果表；③面积量算成果应包括以街坊为单位、以宗地为单元的面积量算表，以街坊为单位的宗地面积汇总表，以街道为单位的街坊面积汇总表，以区、街道为单位的城镇土地分类面积统计表，以区、街道为单位的国有、集体土地面积统计表；④数据成果应提交相应格式的数据文件。

92.【BCDE】边界协议书附图的内容包括界桩点、边界线、相关地形要素、名称、注记。

93.【ABDE】数字航摄仪的检定项目有检定主距、自准直主点坐标、径向畸变差、CCD 面阵坏点；而框标坐标属于胶片航摄仪的检定项目。

94.【ABD】共线条件方程的应用：①求解像点坐标；②求解外方位元素；③双像空间交会(求解地面点坐标)。

95.【ABCD】获取 DEM 格网点高程，常采用的内插方法有线性内插、双线性多项式内插、分块双三次多项式内插、移动曲面拟合法内插等方法。

96.【ABCE】等高线有首曲线、计曲线、间曲线和助曲线等四种等高线。

97.【ACDE】道路图形概括的方法主要有删除、夸大、共线、缩小符号等。

98.【ABD】硬、软件接口；用户界面；故障处理属于系统运行需求。
99.【ABDE】检索信息分为四大类，即兴趣点、地名、道路交叉点、点门牌。
100.【ABCD】导航电子地图的背景数据包含：建筑层、铁路数据、水系、植被。

仿真试卷四参考答案及解析

一、单项选择题

1.【A】在等角投影中，某点的长度比仅与该点的位置有关，而与方向无关。
2.【B】深度基准在沿海海域采用理论最低潮位，在内陆水域采用设计水位。深度基准与国家高程基准之间通过验潮站的水准联测建立联系。
3.【C】不同象限坐标增量见表 6。

表 6 不同象限坐标增量

坐标方位角 α_{AB} 及其所在象限	ΔX_{AB} 之符号	ΔY_{AB} 之符号
0°～90°（第一象限）	+	+
90°～180°（第二象限）	−	+
180°～270°（第三象限）	−	−
270°～360°（第四象限）	+	−

4.【A】同一直线的三种方位角之间的关系为：$A=A_m+\delta$；$A=\alpha+\gamma$；$\alpha=A_m+\delta-\gamma$，代入数值，选 A。
5.【A】三、四等水准测量采用尺台作为转点尺承，尺台质量不小于 1kg。
6.【D】《测绘成果质量检查与验收》规定，GNSS 点位选择不合理，有高度角大于 15 °的障碍物，且水平投影大于 60 °，错漏分类应定为 B 类。
7.【B】$N=\mathrm{INT}(114°20'/6+1)=20$。
8.【B】方位角的计算 $\alpha_{前}=\alpha_{后}\pm\beta\pm180°$，$\beta$ 为左角公式：$\alpha_{前}=\alpha_{后}+\beta-180°$；$\beta$ 为右角公式：$\alpha_{前}=\alpha_{后}-\beta+180°$；若推算的方位角大于 360°，则应减去 360°，若出现负值，则应加上 360°。
9.【A】卫星钟的钟差包括由钟差、频偏、频漂等产生的误差，也包含钟的随机误差。在 GNSS 测量中，无论是码相位观测或载波相位观测，均要求卫星钟和接收钟保持严格同步。卫星钟差和经改正后的残余误差，则须采用接收机间求一次差等方法来进一步消除它。
10.【B】使用数字水准仪进行四等水准测量时，应尽量避免视线被遮挡，遮挡不要超过标尺在望远镜中截长的 20%。
11.【C】水准点标石的类型除基岩水准标石须按地质条件做专门设计外，其他水准点的标石类型应根据冻土深度及土质状况由下列原则决定：

①有岩层露头或在地面下不深于 1.5m 的地点，优先选择埋设岩层水准标石。

②沙漠地区或冻土深度小于 0.8m 的地区，埋设混凝土柱水准标石。

③冻土深度大于 0.8m 或永久冻土的地区，埋设钢管水准标石。

④有坚固建筑物(房屋、纪念碑、塔、桥基等)和坚固石崖处，埋设墙脚水准标志。

⑤水网地区或经济发达地区的普通水准点，埋设道路水准标石。

12.【B】水准测量的误差主要有：①仪器误差：主要有视准轴和水准管轴不平行误差、水准标尺每米真长误差、两根水准标尺零点差误差。②外界因素引起的误差：温度变化引起的 i 角误差，大气垂直折光误差，仪器及尺垫沉降误差。③观测误差：包括整平误差、照准误差、读数误差；数字水准仪观测主要是对准标尺的偶然误差。采用后—前—前—后的观测程序，主要可以减弱由于仪器下沉，使视线降低引起的高差误差及转点尺垫下沉引起下站后视读数增大的影响。

13.【D】开阔的海湾、地貌较复杂的沿岸及岛屿地区进行水深测量，应以 1∶25 000 比例尺施测地形图。

14.【A】水深测量标准图幅尺寸主要有 50cm×70cm、70cm×100cm、80cm×110cm 三种规格。

15.【C】海上助航标志、显著物标的位置应按测图点要求测定。

16.【D】采用卫星定位方法测定控制点时，在置信度为 95%时，定位误差不超过 10cm。而不能用于发展平面控制的次级控制点，采用常规大地测量的方法测定时其相对准确度不大于 1/10 000，采用卫星定位方法测定时不得大于 50cm。

17.【A】竖井联系测量的平面联系测量的方法分为几何定向和陀螺经纬仪定向，其中几何定向有一井定向和二井定向。

18.【B】线路工程施工测量复测的目的是恢复定测桩点，检查定测质量。

19.【A】施工测量是指在工程施工阶段进行的测量工作，是工程测量的重要内容。包括施工控制网的建立、建筑物的放样、竣工测量和施工期间的变形观测等。立面测量属于竣工测量阶段的工作内容。

20.【B】解析：动态变形监测方法主要有：①实时动态 GNSS 测量方法；②近景摄影测量方法；③地面三维激光扫描方法。“液体静力水准测量”属于常规变形监测方法。

21.【A】可用于高层建筑物铅垂线放样的有：全站仪或经纬仪法、垂准仪法、垂准经纬仪法、吊线坠法、激光经纬仪法、激光垂准仪法等。

22.【C】建筑物高程放样中的建筑物高程零点应设置在主要入口处室内地坪，称为“±0”标高。

23.【B】开挖验证的点位应随机抽取，点数不宜少于隐蔽管线点总数的 0.5%，且不应少于 2 个点。

24.【C】设进口高程 $H_A=45.500$m，出口高程 $H_B=447.700$m，离出口 100m 高程为 H_C，则 $H_C=45.5+3/4\times(44.7-45.5)$m。

25.【A】《工程测量标准》规定，隧道洞外平面控制测量的等级，主要依据隧道的长度来界定。

26.【A】GNSS 测量方法可以用于测定场地滑坡的三维变形、大坝和桥梁水平位移、地面沉降以及各种工程的动态变形(如风振、日照及其他动荷载作用下的变形)等；InSAR 测量和摄影测量成本贵，适合大面积物体变形监测。

27.【B】《工程测量标准》规定，采用三角网进行平面控制测量，首级控制网中的三角形宜布设为近似等边三角形，其三角形的内角最小不得小于 25°。

28.【A】《工程测量标准》规定，三角形网测量数据处理中，当测区需要进行高斯投影时，四等及以上等级的方向观测值，应进行方向改化计算。

29.【C】房角点的类别代码为“4”，“3”表示界址点。

30.【B】房屋特征部位测量中，独立柱的门廊以顶盖投影为准量测。

31.【D】下列情形中，不计算建筑面积：①建筑物通道(骑楼、过街楼的底层)；② 建筑物内的设备管道夹层；③ 建筑物内分隔的单层房间、舞台及后台悬挂幕布、布景的天桥、挑台等；④屋顶水箱、花架、凉棚、露台、露天游泳池；⑤建筑物内的操作平台、上料平台、安装箱和罐体的平台；⑥勒脚、附墙柱、垛、台阶、墙面抹灰、装饰面、镶贴块料面层、装饰性幕墙、空调机外机搁板(箱)、飘窗、构件、配件、宽度在 2.10m 及以内的雨篷以及与建筑物内不相连通的装饰性阳台、挑廊；⑦无永久性顶盖的架空走廊、室外楼梯和用于检修、消防等的室外钢楼梯、爬梯；⑧自动扶梯、自动人行道；⑨独立烟囱、烟道、地沟、油(水)罐、气柜、水塔、贮油(水)池、贮仓、栈桥、地下人防通道、地铁隧道。

32.【C】房屋轮廓线中的房屋要素代码，在分丘图中共八位，产别+建筑结构+层数+年份；第 1 位是产别，第 2 位是建筑结构，其中“4”代表该房屋为混合结构，第 3 位和第 4 位代表房屋的层数，表示自然层数不是总层数，以两位表示，不够两位数的前面加“0”，超过两位数的，个案处理，加特殊注记解决，但不能改用三位数，第 5 位到第 8 位，共四位数表示该房屋的建成年份。

33.【A】地籍图的精度要求：①相邻界址点间距、界址点与邻近地物点距离中误差的绝对值不应大于图上 0.3mm。②邻近地物点间距中误差的绝对值不应大于图上 0.4mm；在丘陵、山区中误差可放宽 1 倍。③地物点点位中误差的绝对值不应大于图上 0.5mm。上述中误差的 2 倍为允许误差。

34.【A】地籍图图廓是以高斯-克吕格坐标格网线为界。

35.【B】8——门牌号；45——地类号；333.2——建筑占地面积；365.1——宗地面积；混 3——混合结构 3 层楼。

36.【D】变更产权人不涉及界线。

37.【C】边界线标绘中，调绘的地物点对于野外控制点的平面误差最大不得超过图上 0.75mm。

38.【C】界线测绘时观测界桩一般是高程应与平面坐标同时施测。

39.【B】径向畸变差检定精度要求为±0.003mm，其他均为 0.01mm。

40.【D】胶片摄影质量检查主要有影像的密度、反差、像点位位移误差、框标和数据记录、反差、清晰度、色彩等的检查；数码摄影质量检查主要有影像的清晰度、层次的丰富性、色彩反差和色调柔和情况，影像有无缺陷，拼接影像品有无明显模糊、重影和错位、像点位移误差等。

41.【C】对于高山地、山地，根据影像控制点，应用严密物理模型或有理函数模型并通过 DEM 数据进行几何纠正，对影像重采样，获取正射影像；对于丘陵地，可根据情况利用低一等级的 DEM 进行正射纠正，对于平地可不利用 DEM 直接采用多项式拟合进行纠正。

42.【C】《1∶500 1∶1 000 1∶2 000 地形图航空摄影测量内业规范》规定，测绘等高线时应用测标切准模型描绘。在等倾斜地段，相邻两计曲线间距离在图上小于 5mm。

43.【D】《1∶500 1∶1 000 1∶2 000 地形图航空摄影测量数字化测图规范》规定，悬空建筑在水上的房屋与水涯线重合时，房屋按实际位置绘出，间断水涯线。

44.【B】采用 RFM 成像模型代替卫星影像严格几何成像模型时，拟合中误差不应大于 0.05 像素。

45.【C】空三加密方法中，光束法能最方便地顾及影像系统误差影响。

46.【C】《1∶500 1∶1 000 1∶2 000 地形图航空摄影测量外业规范》附录 G，无须提供像主点位置。

47.【C】航摄时间选定原则之一，彩红外与真彩色摄影应在色温 4 500~6 800K 范围内进行；雨后绿色植被表面水滴未干不应进行彩红外摄影。

48.【A】高通滤波让高频分量顺利通过，使低频分量得到抑制。通过高频分量，使图像的边缘清晰，实现图像的尖锐化。

49.【D】1. 产生图像几何变形的原因：①地形起伏与地球曲率的影响；②大气折射的影响；③地球自转的影响；④遥感器工作模式的影响；⑤航空遥感平台姿态的影响——偏航、俯仰、滚动；⑥飞机自身状态的影响——地速变化、航高变化。

2. 辐射误差产生的原因：传感器响应特性和外界(自然)条件，后者包括太阳照射(位置和角度)和大气传输(雾和云)等条件。

50.【D】《遥感影像平面图制作规范》规定，如表 7 所示。

表 7 **成图比例尺与影像分辨率关系(单位：m)**

成图比例尺	1∶10 万	1∶25 万	1∶50 万	1∶100 万
地面分辨率	10	30	50	250

51.【D】侧视雷达图像上由地形引起的几何畸变包括透视收缩、斜距投影变形、叠掩。

52.【D】微波遥感的主要优势是能够实现全天时、全天候探测，具有穿透云雾的能力。其图像的几何特性在于：①垂直于飞行方向的比例尺由小变大；②造成山体前倾，朝向传感器的山坡影像被压缩，而背向传感器的山坡影像被拉长，与中心投影相反，还会出现不同地物点重影现象；③高差产生的投影差也和中心投影影像投影差位移的方向相反；④雷达立体图像的构像特点，不同摄站对同一地区获取的雷达图像也能构成立体影像。

53.【C】与胶片摄影机相比，数字摄影机几何检校特有的内容有：①调焦后畸变差变化情况；②像元大小测定；③调焦后主距变化测定。

54.【C】圆锥投影最适合中纬度地带沿东西伸展区域的地图使用；方位投影最适合圆形轮廓的区域和两极地区的地图；等角圆柱投影又称墨卡托投影，最适合编制各种航海图、航空图。

55.【D】地球曲率引起的像点位移与像点径距和摄影比例尺分母成正比，与地球半径和摄影机焦距成反比；而高差引起的像点位移与摄影高度成正比，与摄影比例尺分母成反比。

56.【A】由使用地图语言表达事物产生的直观性；由实施制图综合产生的一览性；由特殊的数学法则产生的可量测性。

57.【C】在进行干旱区地图综合时，一般全部保留河流、水井、泉等，主要是因为制图区域的地理特征。

58.【B】中、小比例尺地图上，由于表达山头的独立等高线可能变小，需要进行选取或合并处理。但独立的山顶有时候是不能合并的，比如：在没有明显构造方向时，独立的山顶不能合并，只能进行选取。

59.【D】我国编制世界地图常使用的地图投影是等差分纬线多圆锥投影。

60.【C】用形状相同、大小与其代表的数值成固定比率的圆点符号表达离散现象分布特征的方法称为点值法。小比例尺专题地图上，点值法一般用于表示城镇人口分布。

61.【A】视觉变量尺寸主要用来表示地理要素的数量特征。

62.【D】地图上往往借助颜色来表示湖泊的性质，一般用紫色表示盐水湖。

63.【C】《国家基本比例尺地图编绘规范 第 1 部分》规定，对于地物符号化后出现的压盖、符号间应保留的空隙或小面积重要地物夸大表示等情况引起的地物要素的位移，位移值一般不超过 0.5mm。

64.【C】质底法是将全制图区域按照专题现象的某种指标划分区域或各种类型的分布范围，在各界线范围内涂以颜色或填绘晕线、花纹，以显示连续而布满全制图区域的现象的属性差别。常用于地质图、地貌图、土壤图、植被图、土地利用图、政治行政区划图、自然区划图、经济区划图等。

65.【D】矢量数据和栅格数据的优缺点对比如表 8 所示。

表 8 **矢量数据和栅格数据的优缺点对比**

	优　点	缺　点
矢量数据	1. 数据结构严密，冗余度小，数据量小 2. 空间数据拓扑关系清晰，易于网络分析 3. 面向对象目标，不仅能表达属性编码，而且能方便地记录每个目标的具体属性描述信息 4. 能够实现图形数据的恢复、更新和综合 5. 图形显示质量好、精度高	1. 数据处理结构算法复杂 2. 叠置分析与栅格图组合比较难 3. 数学模拟比较困难 4. 空间分析技术上比较复杂，需要更复杂的软、硬件条件 5. 显示与绘图成本比较高
栅格数据	1. 数据结构简单，易于算法实现 2. 空间数据的叠置和组合容易，有利于与遥感数据匹配应用和分析 3. 各类空间分析、地理现象模拟均较为容易 4. 输出方法快速简便，成本低廉	1. 图形数据量大，用大像元减少数据量时，精度和信息量受损失 2. 难以建立空间网络连接关系 3. 投影变化实现困难 4. 图形数据质量低，地图输出不精美

66.【D】网络分析功能主要有路径分析、连通分析、资源分配、流分析、动态分段技术、地址分配等。

67.【C】线节点式拓扑结构的四原则：①线必定从起节点开始到终节点结束；②线和线的连接处必定是终点；③面必定是由线围合而成；④线必定有左多边形、右多边形。

68.【C】DEM 的应用主要有：①等高线自动绘制；②立体透视图制作；③坡向、坡度计算；④土方量计算；⑤水文分析；⑥蜂窝电话的基站分析。

69.【A】一般将地理信息系统按其内容分为三大类：①专题地理信息系统：是具有有限目标和专业特点的地理信息系统。②区域地理信息系统：主要以区域综合研究和全面信息服务为目标。③地理信息系统工具：是一组具有图形图像数字化、存储管理、查询检索、分析运算和多种输出等地理信息系统基本功能的软件包。

70.【D】数字摄影测量方法是空间数据采集最有效的手段，它具有效率高、劳动强度低的优点。

71.【B】拓扑学研究在拓扑变换(拉伸、压缩等)下能够保持不变的几何属性称为拓扑属性，否则是非拓扑属性。一个区域的面积通过拉伸和压缩是可以发生面积变化的。

72.【B】空间元数据的作用主要有：①组织和管理空间信息；②帮助数据使用者查询所需空间信息；③组织和维护一个机构对数据的投资；④用来建立空间信息的数据目录和数据交换中心；⑤提供数据转换方面的信息。

73.【D】地理数据库属于空间数据库，表示地理实体及其特征的数据具有确定的空间坐标，为地理数据提供标准格式、存贮方法和有效的管理，能方便、迅速地进行检索、更新和分析，使所组织的数据达到冗余度最小的要求，为多种应用目的服务。

74.【D】四叉树编码具有可变的分辨率，并且有区域性质，压缩数量灵活，许多运算可在编码数据中直接实现，大大提高了运算效率，是优秀的栅格压缩编码之一。

75.【B】将纸质地图数据转换为 GIS 可处理的数字数据，不可以采用符号化。

76.【B】建立 E-R 模型是数据库概念设计的重要内容，而概念设计是设计阶段的组成部分。同时建立 E-R 模型的工作，属于软件生命周期的设计阶段。

77.【D】进行商业选址时，不必考虑气象数据。

78.【C】《导航电子地图检测规范》规定，道路相对位置误差大于 15m 时，判定差错等级为严重差错。

79.【C】地图的预制缓存是将地图按一系列的比例尺预先制作好然后切割成瓦块以便于快速显示。

80.【D】用于地理信息公共服务平台的电子地图数据中，第 15 级数据使用的数据源比例尺可以是 1∶10 000。

二、多项选择题

81.【BCD】GNSS 独立环闭合差的限差与闭合环个数和基线中误差有关。

82.【ABC】高斯-克吕格投影的三个条件：① 中央子午线投影后为直线；②中央子午线投影后长度不变；③等角。

83.【BD】《国家一、二等水准测量规范》规定：光学测微法最长跨距为 500m，经纬仪倾角法最长跨距为 3 500m，倾斜螺旋法最长跨距为 1 500m，测距三角高程法最长跨距为 3 500m，GNSS 测量法最长跨距为 3 500m，所以符号要求的只有经纬仪倾角法、测距三角高程法、GNSS 测量法，而海拔高程超过 500m 的地区，不宜进行 GNSS 跨河水准测量。

84.【ABDE】海道测量技术设计分为控制测量设计、水深测量设计、水位改正、海岸地形测量设计等。

85.【BCD】米、分米位数据不得连环涂改；记错的数据不可以用橡皮修改；厘米、毫米位数据不得划改，若有错误应整站重测。

86.【ABC】变形监测的内容：①几何量监测，主要包括水平位移、垂直位移、偏距、倾斜、挠度、弯曲、扭转、震动、裂缝等测量；②物理量监测，主要包括应力、应变、温度、气压、水位(库水位与地下水位)、渗流、渗压、扬压力等测量。

87.【ABCE】地下管线探测测量的目的是确定地下管线空间位置和属性的测量工作。其目的为查明已有地下管线的平面位置(或高程)、走向以及规格、性质、材料、权属等属性。

88.【CD】日照测量中，建筑物的窗户、阳台高度一般采用三角高程测量、悬高测量方法。

89.【ACDE】对新建商品房一般采用二级精度要求。

90.【ACD】根据变更调查申请书提供资料及原地籍调查成果，准备相应的放样数据。宗地分割及调整边界测量放样数据一般有三种：极坐标法放样数据、长度交会法放样数据、截距法放样数据。

91.【ABD】与胶片摄影机相比，数字摄影机几何检校特有的内容有调焦后畸变差变化情况、像元大小测定、调焦后主距变化测定。

92.【AB】图像平滑的目的在于消除各种干扰噪声，使图像中的高频成分消退，平滑掉图像的细节，使其反差降低，保存低频成分。图像平滑包括空间域处理和频率域处理。

93.【ABE】地图符号设计的 6 个图形变量，即形状、尺寸、方向、亮度、密度和色彩。

94.【BCD】遥感调查工作底图制作的内容主要有影像图增强、影像图整饰、调查地图喷绘。

95.【ABC】航空数字遥感图像预处理的过程主要有影像增强、降位处理、匀光处理、影像旋转等。

96.【BCD】地图编绘中常用的编绘指标有定额指标、等级指标、分界尺度。

97.【ACDE】地图投影选择的依据主要有制图区域的范围、形状和地理位置、制图比例尺、地图的内容、出版方式。

98.【AB】空间数据库的设计是指在数据库管理系统的基础上建立空间数据库过程，主要包括需求分析和结构设计两部分。

99.【CDE】《基础地理信息城市数据库建设规范》规定，城市三维模型数据主要包括三维建筑模型数据。三维建筑模型数据可由空间几何数据、影像纹理数据和相关属性数据组成。

100.【ACDE】《导航电子地图检测规范》规定，数据质量定量元素主要针对道路、兴趣点、背景和注记 4 个要素主题。

仿真试卷五参考答案及解析

一、单项选择题

1.【A】①仪器下沉误差，采用“后—前—前—后”的观测程序；②解决尺垫下沉误差用往返观测法；③视准轴不平行水准管轴误差解决办法是前后视距相当加以消除；④零点磨损解决办法是安置偶数站；⑤尺长系统误差可以在计算中加改正数消除；⑥刻划不准和尺面弯曲则无法消除；⑦水准尺倾斜误差，解决办法是在水准尺旁安装圆水准器。

2.【C】GNSS 测量手簿记录内容要求填写点位所在的 1∶50 000 地形图图幅编号。

3.【B】$\Delta_{km}=\sqrt{n}\Delta_{站}=\pm4\sqrt{9}=\pm12(mm)$，$\Delta L=\sqrt{L}\Delta_{km}=\pm12\sqrt{L}=24$，则 $L\leqslant4(km)$。

4.【D】在投影面上，将 a、b 两点之间的曲线以 a、b 两点之间的直线代替，必须进行方向改化，所谓方向改化，即计算曲线的切线与直线之间的夹角。

5.【D】水平角观测时，各测回间要求变换度盘位置，其目的是减弱度盘刻划误差的影响。

6.【B】《国家三角测量规范》规定：DJ07、DJ1 仪器二倍视准轴误差(2C)的绝对值不能大于 20 s。

7.【D】D 级点观测大于等于 1.6 个时段，每个时段长度大于等于 1h。

8.【D】二等大地控制网各控制点的相对精度应不低于 1×10^{-7}，其点间平均距离不超过 50 km。

9.【B】两个共同方向所夹的角叫联测角。$W_{限}=\pm2\sqrt{1^2+1.8^2}=\pm4.2''$。

10.【B】周长 $C=a+a+a+a$；由误差传播定律可知：$m_{\Sigma}{}^2=4m^2$，所以 $m_{\Sigma}=2m$。

11.【B】三度带带号和中央子午线的计算公式如下：

$$带号(n)=\left[\frac{某地的经度-1.5°}{3°}\right]+1$$

$$中央子午线(L_n)=3°\times n$$

代入计算，得带号 $n=40$，所以中央子午线 $L_n=3°\times40=120°$。

12.【D】相对重力测量，是测定两点的重力加速度的差值，简单地说，就是测定两点的重力差值。绝对重力测量，是测量该点的重力加速度值。

13.【D】似大地水准面精化数据处理过程中，高程基准应采用“1985 国家高程基准”，正常重力采用 IAG75 椭球相应公式。

14.【A】通常情况下，海图印刷色序是按黑、黄、紫、蓝及其他颜色进行排列(如有特殊情况按特殊情况处理)。

15.【B】无线电定位是指利用无线电波测定测量船至岸上控制点的距离或距离差，从而确定测量船位置。按定位方式分为：圆-圆法定位和双曲线法定位。

16.【B】短期验潮站的平均海面，一般用邻近的两个长期验潮站的平均海面转测求得，转测误差不得大于 10cm。

17.【A】海底扫测时，定位误差不大于±5m，并使误差椭圆的长轴与测线方向平行。

18.【D】为了保持海岸地形图的现势性和用途需要，需要对已变化的部分进行修测，当一幅海岸地形图变动面积超过 1/2 时，应全幅重测。

19.【A】根据“控制点误差对放样点位不发生显著影响”的原则，可以按下面公式进行测量误差分配：

$$m_{控影}\approx0.4m_{测}；\ m_{放影}\approx0.9m_{测}。$$

20.【B】变形监测中，平均间隙法主要用于基准点稳定性分析。

21.【A】线路定测的主要任务是将初步设计所定线路测设到实地，其工作内容包括：线路中线测量、纵断面测量、横断面测量。

22.【B】比例尺精度：图上 0.1mm 所代表的实地长度。其作用有：①确定测量精度；②确定比例尺。本题中，1∶500 以及 1∶1 000 均满足要求，考虑到经济因素，1∶1 000 比例尺最为合适。

23.【C】卫星定位测量控制网构成闭合环或附合路线的边数不宜多于 6 条。

24.【C】①三、四等导线的水平角观测，当测站只有 2 个方向时，应在观测总测回中以奇数测回的度盘位置观测导线前进方向的左角，以偶数测回的度盘位置观测导线前进方向的右角。左右角的测回数为总测回数的一半。②下半测回归零差或零方向的 2C 互差超限时，应重测该测回。③若一测回中重测方向数超过总方向数的 1/3 时，应重测该测回。当重测的测回数超过总测回数的 1/3 时，应重测该站。

25.【B】隧道工程贯通误差见表 9。

表 9 **隧道工程贯通误差**

类别	两开挖洞口间长度 L/km	贯通误差限差/mm
横向	$L<4$	100
	$4\leqslant L<8$	150
	$8\leqslant L<10$	200
高程	不限	70

26.【B】GNSS-RTK 测图参考站的有效作业半径不应超过 10 km。

27.【A】圆曲线的起点是直圆点，代号为 ZY；圆曲线的中点是曲中点，代号为 QZ；圆曲线的终点是圆直点，代号为 YZ；曲线交点，代号为 JD。

28.【B】平坦水网地区，等高线插求点对邻近图根点的高程中误差应小于 1/2 等高距(m)。

29.【D】地下管线隐蔽管线点的探查精度一般为：位置限差为 0.1h；埋深限差为 0.15h(h 为管线中心的埋深，h 小于 1m 时按 1m 计)。

30.【A】轮廓符号的绘制，应符合下列规定：①依比例尺绘制的轮廓符号，应保持轮廓位置的精度。②半依比例尺绘制的线状符号，应保持主线位置的几何精度。③不依比例尺绘制的符号，应保持其主点位置的几何精度。

31.【A】套内房屋使用空间的面积，以水平投影面积按以下规定计算：①套内使用面积为套内卧室、起居室、过厅、过道、厨房、卫生间、厕所、贮藏室、壁柜等空间面积的总和。②套内楼梯按自然层数的面积总和计入使用面积。③不包括在结构面积内的套内烟囱、通风道、管道井均计入使用面积。④内墙面装饰厚度计入使用面积。

32.【A】44——丘号。23031986 中 2——房屋类别代码：集体所有制房屋；3——房屋建筑结构分类代码：砼；03——房屋层数：3 层；1986——房屋建成年代。88.45——房屋总建筑面积；6——幢号；A——房产权号。

33.【A】采用已有坐标或已有图件，展绘成房产分幅图，展绘中误差不得超过图上 0.1mm。

34.【C】分幅图编号以高斯-克吕格坐标的整公里格网为编号区，由编号区代码加分幅图代码组成(见表 10、表 11)，编号区的代码以该公里格网西南角的横纵坐标公里值表示。

表 10　**1∶1 000 分幅图代码**

30	40
10	20

表 11　**1∶500 分幅图代码**

33	34	43	44
31	32	41	42
13	14	23	24
11	12	21	22

35.【B】对于城镇街坊外围界址点及街坊内明显的界址点，其检查距离与原勘测距离较差允许误差为±10cm。

36.【B】地籍测绘中，一级控制点最弱点的点位中误差最大不得超过 5cm。

37.【A】目前，地籍首级平面控制测量方法主要采用 GNSS 网。

38.【D】采用实测几何要素解析法时，面积中误差计算公式为：

$$m_p = \pm(0.04\sqrt{P} + 0.003P)$$

39.【B】边界调绘图的绘制：植被要素用绿色，地貌要素用棕色，水系要素用蓝色，其他要素用黑色绘出；各类要素符号的规格与所利用的地形图一致。

40.【B】边界主张线标绘在边界地形图上时，应在图上用 0.3mm 红色实线不间断表示。

41.【D】轨道参数提取属于航天遥感数字遥感图像预处理的内容。

42.【B】非量测摄影机不能记录：①内方位元素；②外部定向参数；③框标。

43.【A】可用 5 个相对定向元素来表示立体影像之间的相互位置关系。

44.【B】采用 GNSS 精密单点定位，IMU 和 GNSS 数据联合解算的平面位置偏差不应大于 0.15m，高程位置偏差不应大于 0.5m，速度偏差不应大于 0.6m/s。

45.【B】同一航线，相邻像片的主点连线不在一条直线上，形成折线，称航线弯曲，规定航线弯曲度不大于 3%。航线弯曲度 = 最大偏移距离 / 首末像主点连线长度。

46.【A】航摄时间的确定：①时间要求：光照充分，避免过大阴影。平地：太阳高度角>20°，丘陵地、城镇>30°，山地、中等城市≥45°，陡峭山区、高层建筑多的特大城市，当地中午前后各 1h 内进行摄影。②沙漠、戈壁滩，反光强烈，当地中午前后 2h 内不应摄影。③彩红外、真彩色摄影，色温 4 500~6 800K；雨后，植被覆盖水滴，不宜进行彩红外摄影。

47.【B】在选定基准面的情况下，地面点的高差越大，辐射距越大，则投影误差越大；基准面的相对航高越大，则投影误差越小。投影误差具有相对性。

48.【C】像片控制点布设过程中，因旁向重叠较小，需要分别布点时，控制范围所裂开的垂直距离不得大于 2.0cm。

49.【C】高光谱遥感是高光谱分辨率遥感的简称。

50.【D】热红外图像上的亮度与地物的温度高低有关。

51.【C】SWDC 数码航摄仪的制作原理是基于多台非量测型相机和 GNSS 辅助空中三角测量。

52.【C】QuickBird 卫星多光谱波段的分辨率是 2.44m，全色是 0.61m。

53.【A】数字摄影测量系统应用中，形成核线影像不需要地面控制点坐标。

54.【C】方位投影适宜于具有圆形轮廓的地区。在两极地区适宜用正轴投影，赤道附近地区适宜用横轴投影，其他地区用斜轴投影。

55.【C】数字高程模型应用中，利用数字高程模型不可以生成土地利用图。

56.【D】①该点在 1∶100 万图幅的图号通过下列式子简单计算：$a = [32°54'/4°] + 1 = 9$(字符为 I)；$b = [112°48'/6°] + 31 = 49$，得到：I49。②根据已知的经纬度可以直接得到 1∶25 万地形图(将该图号的 1∶100 万再分成 4 行×4 列)的图幅号为：I49C004004。

57.【A】地图的直观性主要通过地图语言来实现。

58.【B】在地形图上，符号的主点可以精确地表示独立地物的实地位置。

59.【D】专题地图按内容性质分类可分为：自然地图、社会经济(人文)地图和其他专题地图。①自然地图：反映制图区中的自然要素的空间分布规律及其相互关系的地图称为自然地图。主要包括：地质图、地貌图、地势图、地球物理图、水文图、气象气候图、植被图、土壤图、动物图、综合自然地理图(景观图)、天体图、月球图、火星图等。②社会经济(人文)地图：反映制图区中的社会、经济等人文要素的地理分布、区域特征和相互关系的地图称为社会经济地图。主要包括：人口图、城镇图、行政区划图、交通图、文化建设图、历史图、科技教育图、工业图、农业图、经济图等。③其他专题地图：不宜直接划归自然或社会经济地图的，而用于专门用途的专题地图。主要包括：航海图、宇宙图、规划图、工程设计图、军用图、环境图、自然灾害地图、教学图、旅游图等。

60.【C】专题地图中影响表示方法选用的主要因素有：①专题内容的形态和空间分布规律；②制

图资料和数据的详细程度；③地图的比例尺和用途，以及制图区域的特点。

61.【D】图解比例尺，由线段组合成的图解形式比例尺。可用于直接量取与图上线段相对应的实地线段的水平长度，适于图上量距和将实地线段描绘到地图上。可分为直线比例尺、斜分比例尺、复式比例尺。

62.【D】专题图编制中，气温分布图主要采用的表示方法是等值线法。

63.【A】等距圆柱投影又称方格投影，是假想球面与圆筒面相切于赤道，赤道为没有变形的线。经纬线网格，同一般正轴圆柱投影、经纬线投影成两组相互垂直的平行直线。其特性是：保持经距和纬距相等，经纬线成正方形网格；沿经线方向无长度变形；角度和面积等变形线与纬线平行，变形值由赤道向高纬逐渐增大。该投影适合于低纬地区制图。

64.【A】空间数据引擎，简称 SDE，是一种空间数据库管理系统的实现方法，即在常规数据库管理系统之上添加一层空间数据库引擎，以获得常规数据库管理系统功能之外的空间数据存储和管理的能力。空间数据引擎在用户和异种空间数据库的数据之间提供了一个开放的接口，它是一种处于应用程序和数据库管理系统之间的中间件技术。

65.【A】GIS 详细设计任务是：①细化总体设计的体系流程图，绘出程序结构图，直到每个模块的编写难度可被单个程序员所掌握为止。②为每个功能模块选定算法。③确定模块使用的数据组织。④确定模块的接口细节及模块间的调度关系。⑤描写每个模块的流程逻辑。⑥编写详细设计文档，主要包括细化的系统结构图及逐个模块的描述，如功能、界面、接口，数据组织、控制逻辑等。

66.【A】空间统计分类分析主要有主成分分析(PCA)、层次分析、聚合分析、聚类分析、判别分析。

67.【B】邻接关系、关联关系和包含关系是指拓扑关系；层次关系、网络关系、表格关系和面向对象关系是指数据结构关系；定性关系、定位关系和拓扑关系是指数学意义上的关系；而一对多、多对一和多对多关系才是表示空间数据库中的实体间关系。

68.【A】栅格数据模型具有的优点是数据结构简单、叠加操作易实现、能有效表达空间可变性、可对图像进行增强处理。提供有效的拓扑编码是矢量数据模型具有的优点。

69.【D】空间数据库设计的原则：①空间数据库设计与应用系统设计相结合的原则；②数据独立性原则；③共享度高、冗余度低原则；④用户与系统的接口简单性原则；⑤系统可靠性、安全性与完整性原则；⑥系统具有重新组织、可修改与可扩充性原则。

70.【D】地下水沉降，是影响绝对重力观测值变化的主要因素之一。

71.【C】影像金字塔结构：指在同一空间参照下，根据用户需要以不同分辨率进行存储与显示，形成分辨率由粗到细、数据量由小到大的金字塔结构。影像金字塔结构用于图像编码和渐进式图像传输，是一种典型的分层数据结构形式，适合于栅格数据和影像数据的多分辨率组织，也是一种栅格数据或影像数据的有损压缩方法。

72.【C】栅格数据的获取主要有以下几个途径：①栅格法：在待输入的图形上均匀划分栅格单元，逐个栅格地决定其属性代码，最后形成栅格数字地图文件。这是人工编码，当数据量太大时，该法费工费时，工作量相当大。②转换法：用手扶跟踪数字化或自动跟踪数字化得到矢量结构数据，再转换为栅格结构。由矢量数据向栅格数据转换是理想的方法。③扫描数字化：逐点扫描待输入的专题地图，对扫描数据重新采样与再编码，从而得到栅格数据文件。④分类影像输入：将经过分类解译的遥感影像数据直接或重新采样后输入系统，这是高效获取数据的方法。

73.【C】不规则镶嵌数据模型是指用来进行镶嵌的小面块具有不规则的形状和边界。优点：能较好地顾及地貌特征点、线，逼真地表示复杂地形起伏特征，并能克服地形起伏变化不大的地区产生冗余数据的问题。缺点：数据量大，数据结构复杂且难以建立，TIN 一般只适宜于小范围、大比例尺、高精度的地形建模。

74.【D】数字地图制图系统包括输入系统、数据库、编辑系统和输出系统。

75.【D】城市 GIS 均用 6°或 3°分带的高斯-克吕格投影。

76.【C】客户端庞大不属于 B/S 体系结构的特点。

77.【A】矢量数据的叠置分析类型主要有点与多边形、多边形与多边形、线与多边形的叠置。

78.【D】《导航电子地图检测规范》规定，兴趣点相对位置误差大于 30m 时，判定差错等级为大差错。

79.【B】导航电子地图的道路交叉点的主要功能是用于拓扑描述。道路 LINK 功能为路径计算；兴趣点 POI 功能为检索；水系和植被等功能为背景显示。

80.【C】在线地理信息服务系统中运维监控系统承担服务管理与用户管理任务。

二、多项选择题

81.【ADE】《国家一、二等水准测量规范》表 5，Ni002 精密光学水准仪，需要进行摆差 $2C$ 角测定，该仪器常用于地震系统。自动安平水准仪没有交叉误差，气泡式水准仪要进行交叉误差的校验。

82.【BCD】水准仪检验，就是检验轴线之间的几何关系；自动安平水准仪有 i 角检验；每项检验都应在前面检验项目合格的基础上进行。

83.【ABCE】测量机器人变形监测系统主要由基站、参考点、目标点、控制中心组成。

84.【BCDE】地形图成果质量元素有 5 个：①数学精度；②数据结构正确性；③地理精度；④整饰质量；⑤附件质量。

85.【ABDE】市政工程测量的任务主要包括规划阶段的设计测量、建设阶段的施工测量、竣工测量和运营阶段的变形监测。

86.【BDE】精密准直测量可采用的方法有测小角度法、引张线法、激光准直法。

87.【ABC】地理国情普查《多尺度数字高程模型生产技术规定》，以 LiDAR 点云数据为主要数据源，以 DEM、DLG 为变化检测数据源。

88.【ABDE】成套房屋的套内建筑面积由套内房屋的使用面积、套内墙体面积、套内阳台建筑面积三部分组成。其中套内墙体面积是套内使用空间周围的维护或承重墙体或其他承重支撑体所占的面积，其中各套之间的分隔墙和套与公共建筑空间的分隔墙以及外墙(包括山墙)等共有墙，均按水平投影面积的一半计入套内墙体面积。套内自有墙体按水平投影面积全部计入套内墙体面积。

89.【ABD】地籍图上应表示的地籍要素包括界址点、界址线、地类号、地籍号、坐落、土地使用者或者所有者及土地等级。

90.【ABD】边界协议书附图的内容应包括边界线、界桩点及相关的地形要素、名称、注记等，各要素应详尽表示。

91.【AB】摄影机的校检均属于几何校检的范畴，主要检验内容包括摄影机的内方位元素像主点和主距的测定，摄影物镜的光学畸变差以及其他参数的检校。

92.【ABE】摄影测量加密按平差范围可分为单模型法、单航带法、区域网。

93.【ACE】由于地球表面起伏所引起的像点位移称为像片上的投影差。由于投影差的存在，使得地面目标物体在航摄像片上的构像偏离了其正射投影的正确位置。

投影差具有如下性质：①越靠近像片边缘，投影差越大，在像底点处没有投影差；②地面点的高程或目标物体的高度越大，投影差也越大；③在其他条件相同的情况下，摄影机的主距越大，相应的投影差越小。城区航空摄影时，为了有效减小航摄像片上投影差的影响，应选择焦距较长的摄影机进行摄影。

94.【CDE】数字摄影测量系统制作数字正射影像图的主要工作包括资料准备、色彩调整、DEM 采集、影像纠正(融合)、影像镶嵌、图幅裁切、质量检查、成果整理与提交等环节。

95.【BCE】地图的特性包括可量测性、直观性和一览性。

96.【ACD】编绘地图时，对符号的争位矛盾可采取舍弃、位移、压盖的方式来处理。

97.【ABCD】空间关系查询主要包括拓扑关系查询和缓冲区关系查询。其中拓扑关系查询可分为邻接关系查询、包含关系查询、关联关系查询。

98.【ABDE】地理信息网络服务的内容包括地理数据的分发、制图服务、查询分析与辅助决策服务、基于位置的服务。

99.【BCDE】导航应用软件的基本功能有定位与显示、地图浏览查询、路线规划、语音引导。

100.【ABCD】网络地理信息服务运行支持系统的构成主要包括网络接入系统、服务器系统、存储备份系统、安全保密系统。

仿真试卷六参考答案及解析

一、单项选择题

1.【A】GNSS 是测时测距系统，时间是 GNSS 测量中的一个基本观测量。卫星的信号、卫星的运行、卫星的坐标都与时间密切相关，对时间系统要求稳定、连续，故 GPS 系统中卫星钟和接收机钟均采用稳定而连续的 GNSS 时间系统。

2.【D】B 级网 GNSS 点标石埋设后，宜在周围砌筑混凝土方井或原井护框，其内径视情况而定，但至少不应少于 0.6m。

3.【B】水准联测的 GNSS 点，宜分布在测区的四周和中央，联测点间距宜小于 10km。

4.【C】当横轴水平，若视准轴与横轴不正交，望远镜绕横轴旋转的旋转面是一个圆锥面。若视准轴与横轴正交，但横轴不在水平位置，即横轴的中心线不处于水平位置，望远镜绕横轴旋转时，视准轴所经过的轨迹是一个倾斜面，而不可能是一个竖直面。

5.【D】对 GNSS 点的拟合高程成果，应进行检验。检测点数不少于全部高程点的 10%且不少于 3 个点；高差检验，可采用相应等级的水准测量方法或电磁波测距三角高程测量方法进行，其高差较差不应大于 $30\sqrt{D}$ mm(D 为检查路线的长度，单位为 km)。

6.【A】B 级 GNSS 测量垂直分量中误差为 10mm。

7.【B】重力垂直梯度应在墩面与离墩面 1.3m 高度处的两点之间进行测定。

8.【A】照准目标打回光一般用于三角网中高精度水平角观测，其他措施均不能提高水平角观测精度。

9.【A】高程异常是似大地水准面相对于地球椭球面的高度(ζ)。

10.【B】GNSS 连续运行基准站是由 GNSS 接收机(含天线)、计算机、通信设备、气象设备及电源设备、观测墩等构成的观测系统。

11.【C】协调时(UTC)并不是一种独立的时间，而是时间服务工作钟把原子时的秒长和世界时的时刻结合起来的一种时间。

12.【D】水准面和重力方向线相垂直的，形成了无数个曲面，每一个曲面上重力位相等，我们把重力位相等的面称为重力等位面，因此水准面有无数个，水准面是一个重力等位面。因为水准面是重力场的等位面，所以其形态必然受重力场分布的控制。由于受月球和太阳的影响，水准面会发生周期性变化。而大地水准面才是一个重要物理参考面，具有唯一性。

13.【A】分带的界线方向与潮波传播方向垂直。

14.【C】当必须利用坐标反算边长方位角作为扩展海控点基础时，边长不应小于 3km，且将起算点降一级使用。

15.【B】在海洋测量中，验潮站的水位应归算到深度基准面上。

16.【B】航海图一般采用的是墨卡托投影。

17.【D】当隧道两开挖洞口间长度 $8km \leq L < 10km$，贯通误差限差为 200mm。

18.【B】根据“控制点误差对放样点位不发生显著影响”的原则，可以按下面公式进行测量误差分配。

$$m_{控影} \approx 0.4m_{测}；m_{放影} \approx 0.9m_{测}。$$

19.【A】按照城市规划行政主管部门下达的定线、拨地，其中定线中线点、拨地界址点相对于邻近高级控制点的点位中误差不应大于±0.05m。

20.【C】竣工总图编绘，当平面布置改变超过图上面积 1/3 时，不宜在原施工图上修改和补充，应重新编制。

21.【A】建设工程规划监督测量含三个部分：放线测量、验线测量、验收测量。

22.【A】竣工测量成果的整理归档一般应包括如下内容：技术设计书、技术总结；竣工测量观测资料、计算资料；竣工总图、专业分图、断面图；细部点成果表；仪器检定和检校资料；检查报告、验收报告。日照测量数据不属于竣工测量归档资料。

23.【A】地物点相对于邻近图根点的点位中误差要求：①城镇建筑区不应超过图上±0.6mm；②一般地区不应超过图上±0.8mm；③水域不应超过图上±1.5mm。

24.【C】一井定向、两井定向、陀螺定向是平面联系测量。

25.【C】重复探查的点位应随机抽取，点位不宜少于探查点总数的 5%。开挖验证的点位应随机抽取，点数不宜少于隐蔽管线点的 1%，且不应少于 3 个。

26.【C】独立坐标系要求坐标值不得为负数，故 A、B、D 均不符合要求。

27.【C】在竖井中悬挂钢丝垂线由地面向井下传递平面坐标和方向的测量工作称为竖井几何定向或几何联系测量。高程传递需另外进行。

28.【B】线路竣工测量的内容主要包括：中线测量、高程测量、横断面测量。

29.【D】困难地区隐蔽界址点，相邻界址点间距允许误差不超过±15cm。

30.【C】地籍调查的内容包括土地权属调查、地籍测绘、数据库与地籍信息系统建设。

31.【B】地籍平面控制点相对于起算点的点位中误差应不超过±0.05m。

32.【B】对于规则图形，可根据实地丈量的距离直接计算面积；对于不规则图形，则应将其分割成简单的几何图形(如矩形、梯形、三角形等)后再分别将面积相加。面积中误差：$M_p = \pm(0.04\sqrt{p} + 0.003p)$，$p$ 为量算的面积，按 m^2 计算。

33.【A】房产测量过程中，可用正交法测量房产要素，所利用的短边支距长度不应超过 50m。

34.【B】幢号以丘为单位，自进大门起，从左到右，从前到后，用数字 1，2，…，顺序按 S 形编号。幢号注在房屋轮廓线的左下角，并加括号表示。

35.【A】房产分幅图是全面反映房屋及其用地位置和权属等状况的基本图，是测绘分丘图和分产图的基础资料，也是房产登记和建立产籍资料的索引和参考资料。

36.【A】门廊、有柱雨棚，按其柱或围护结构的外围水平投影面积计算。无柱的走廊、檐廊，按其围护结构外围面积一般计算半面积。阳台按其围护结构分封闭和未封闭分别计算全面积或半面积。有柱走廊，均按其柱的外围计算面积，故有柱走廊按柱外围测绘。

37.【D】(1)下列情形不计共有建筑面积，但应分摊所在幢相关的共有建筑面积：①为多幢服务的管理用房、警卫室；②独立使用的地下室、半地下室、车棚、车库；③为公共事业服务的配套用房；④避难层(室)及结构转换层内可独立使用的部位；⑤产权单位自营、自用的房屋。

(2)下列情形不作为共有建筑面积，不分摊所在幢内相关的共有建筑面积：①作为人防工程的地下室；②为多幢服务的配电间、水泵房等设备用房；③避难层(室)及结构转换层；④幢与幢之间连接的通廊。

38.【C】边界点的定义。

39.【D】1：5 000 1：10 000 1：50 000 的边界地形图图内内容范围为垂直界线两侧图各 10cm，1：100 000边界地形图图内内容范围为垂直界线两侧图上各 5cm。

40.【D】界桩方位物的测定，一般应在实地量测，界桩点相对于邻近固定地物点间距误差限差不大于±2.00m。

41.【B】无人机降落时半径 50m 范围内不能站立非工作人员。

42.【C】摄影测量中立体像对绝对定向的元素有 7 个，立体像对相对定向的元素有 5 个。

43.【C】核面与影像面的交线称为核线，一条核线上的任一点其在另一幅影像上的同名像点必定位于其同名核线上，重叠影像上的同名像点必然位于同名核线上。

44.【A】影像相关在数字摄影测量中是以影像匹配代替传统的人工观测，来达到自动确定同名像点的目的。利用互相关函数，评价两块影像相似性以确定同名点，是全数字化摄影测量中的核心技术之一。

45.【D】在数字摄影测量中是以影像匹配代替传统的人工观测，来达到自动确定同名像点的目的。

46.【D】数字微分纠正是采用航摄像片或其他遥感图像的微小面积为纠正单元，通过逐个纠正单元的几何变换实现两个图像之间的任何一种变换的方法。其基本任务是：实现两个二维图像间的几何变换。

47.【B】近景摄影测量控制的目的有：①把所构建的近景摄影测量网纳入给定的物方空间坐标系里；②通过多余的控制(包括控制点或相对控制)加强摄影测量网的强度；③通过多余的控制点或相对控制检查摄影测量的精度和可靠性。

48.【A】电磁波通过大气层较少被反射。吸收和散射的那些透射率高的波段称为大气窗口。通常把太阳光透过大气层时透过率较高的光谱段称为大气窗口。大气窗口的光谱段主要有微波波段(300Hz 至 1GHz/0.8~2.5cm)，热红外波段(8~14μm)，中红外波段(3.5~5.5μm)，近紫外、可见光和近红外波段(0.3~1.3μm，1.5~1.8μm)。

49.【A】无人飞行器航摄系统应配备数传电台和地面监控站，监控半径应大于5km。

50.【C】波谱分辨率：传感器或波谱测量仪器能区分或分辨的最小波段范围或波长间隔。

51.【C】控制点数量应当超过多项式系数 $N=(n+1)(n+2)/2$，当控制点个数超过多项式的系数个数时，采用最小二乘法进行系数确定，使得到的系数最佳，n 为阶数，题中 $n=2$，得 $N=6$，故至少需要 6 个控制点。实际工作中要检核，则要 7 个以上（为保证较高的校正精度，应为理论数的 3 倍，该题推荐最小值，18 个控制点）。

52.【B】《遥感影像平面图制作规范》规定，一般情况下地物点平面位置中误差在山地和高山地不得大于图上±0.75mm。

53.【B】为保证遥感图像平面图制作清晰度，对于成图比例尺为 1∶25 万的图像地面分辨率应高于 30m。

54.【D】遥感图像的精纠正包括两个环节：一是像素坐标的变换，即将图像坐标变换为地图或地面坐标；二是对坐标变换后的像素亮度值进行重采样。

55.【B】下列情况下必须对航摄仪进行检定：①距前次检定的时间超过 2 年；②快门曝光次数超过 2 万次；③航摄仪经过大修或主要部件更换后；④航摄仪产生剧烈震动后。

56.【B】数字高程的格网尺寸依据比例尺选择，1∶500~1∶2 000 的格网尺寸不应大于 $0.001M_{图}$，1∶5 000~1∶100 000 的格网尺寸不应大于 $0.000\,5M_{图}$。

57.【D】建模要求：模型的高度与实际物体的误差不超过 1m，模型要求反映建模物体长、宽、高等任意维度变化大于 0.5m（个别标志性古建筑反映变化 0.2m 的细节）。

58.【B】点值法，其中每小点代表一定的数量，适用于表示空间分布不均匀的专题现象；例图：人口分布图，农作物、动物分布图等。

59.【B】我国 1∶100 万地形图是国家基本比例尺系列中比例最小的地图，采用边纬与中纬变形绝对值相等的正轴等角割圆锥投影。我国 1∶50 万和更大比例尺地形图，统一采用高斯-克吕格投影。高斯-克吕格投影是横轴等角切椭圆柱投影。

60.【C】由于纬度差仅为 4°，投影变形极微小，而且不同位置的图幅其变形值也几乎相同。长度变形在每幅图的中纬度处为-0.027%，边纬度处为+0.037%（北面）及+0.034%（南面），面积变形约 2 倍于长度变形。

61.【C】等角圆柱投影表现为：经线平行，交角为 0，并且与纬线正交；一般较适宜于低纬度沿纬线伸展的地区。

62.【A】就制图区域形状而言，方位投影适宜于具有圆形轮廓的地区。就制图区域地理位置而言，在两极地区，适宜用正轴方位投影，赤道附近地区，适宜用横轴方位投影，其他地区用斜轴方位投影；圆锥投影最适宜作为中纬度处沿纬线伸展制图区域；圆柱投影一般较适宜于低纬度沿纬线伸展的地区。

63.【D】采用青、品红、黄、黑（CMYK），按规定色值进行分色实施印刷。

64.【B】道路的地图综合规律和方法。

65.【A】主要目的是控制（长度）变形的限度，保证地形图必要的精度。

66.【B】叠置分析是将同一地区的两组或两组以上的要素进行叠置，产生新的特征的分析方法。

67.【D】拓扑关系是明确定义空间结构关系的一种数学方法；空间数据拓扑关系的表示方法主要有：拓扑关联性、拓扑邻接性、拓扑包含性。

68.【A】块码是由游程长度编码扩展到二维的情况，采用方形区域作为记录单元，每个记录单元

包括相邻的若干栅格，数据结构由初始位置（行、列号）和半径，再加上记录单元的代码组成。

69.【C】栅格数据是以规则的阵列表示空间地物或现象分布的数据组织，组织中的每个数据表示地物或现象的非几何属性特征。栅格数据结构实际就是像元阵列，每个像元的大小代表了定义的空间分辨率，每个像元由行列确定它的位置。像元大小由栅格尺寸大小界定。

70.【D】质心量算经常用于宏观经济分析和市场区位选择，还可以跟踪某些地理分布的变化，如人口变迁、土地类型变化等。

71.【A】总体设计一般采用结构化设计方法进行实现。结构化设计强调软件总体结构的设计，是一种自顶向下、逐步求精和分阶段实现的设计策略。

72.【D】用于制图的辅助点、线、面数据应放在同一层。

73.【D】基础地理信息城市数据库建设过程中，考虑数据存储和备份设备选型时，系统存储量应按照估算的总数据量配置，一般为总数据量的 1.5~2.5 倍。

74.【A】E-R 图也称实体-联系图，提供了表示实体类型、属性和联系的方法，用来描述现实世界的概念模型。HIPO 图是 IBM 公司于 20 世纪 70 年代中期在层次结构图的基础上推出的一种描述系统结构和模块内部处理功能的工具（技术）。HIPO 图由层次结构图和 IPO 图两部分构成，前者描述了整个系统的设计结构以及各类模块之间的关系，后者描述了某个特定模块内部的处理过程和输入/输出关系。

75.【D】属性数据的规范检查主要包括字段非空检查、字段唯一性检查、图形属性一致性检查和数据整理检查等四个方面。

76.【C】导航电子地图制作标准的特点：①准确性；②适用性；③权威性。

77.【C】导航电子地图产品的编辑转换，是经过编辑、检验的成功数据，在一定的环境下进行数据格式转换，转换成各种物理或应用格式，以满足不同客户、不同环境平台的装载使用要求。

78.【D】根据《导航电子地图检测规范》表 9，不含要素属性项定义正确性。

79.【A】高分辨率影像进行重采样，其分辨率不优于 0.5m；等高线进行重采样，使其等高距不小于 50m；对数字高程模型进行重采样，使其格网间距不小于100m。

80.【D】注记符号分为两种尺度：8×8（像素）的符号在小于或等于 1∶5 000 比例尺下显示，16×16（像素）的符号在大于或等于 1∶2 000 比例尺下显示。

二、多项选择题

81.【ABCE】WGS-84 大地坐标系的原点是地球的质心，Z 轴指向 BIH1984.0 定义的协定地球极（CTP）方向，X 轴指向 BIH1984.0 的零度子午面和 CTP 赤道的交点，Y 轴和 Z、X 轴构成右手坐标系，它是一个地固坐标系。

82.【ABCE】消除或减弱大气垂直折光影响的有：①前后视距尽量相等；②视线离地面高度足够；③坡度较大地段缩短视线；④有利时间内进行观测。

83.【BCD】我国使用的克拉斯特型(LCR)相对重力仪，用于测定基本重力点和一等重力点 ，测定二等重力点及加密重力点的相对重力仪，可以采用石英弹簧重力仪(如 ZSM、Worden)或金属弹簧重力仪(如 LCR)。

84.【BDE】变形监测网的网点分为基准点、工作基点和变形观测点。

85.【BD】隧道洞内平面控制测量，由于隧道洞内场地狭窄，故洞内平面控制常采取中线法或导线测量两种方式。

86.【ABCD】据变形影响因子(如力、荷载等)的预估值大小、时间特性及其对变形体发生的知识性推断，可以得到一个概率模型，由该模型计算出变形的预计值及时间特性。以此为基础，可以确定测量精度、观测周期数、一周期允许的时间长短以及周期间的时间间隔。

87.【ABD】水库水位发生剧变，位移量显著增大，库区发生地震需要及时增加观测次数。

88.【BCDE】房产分丘图除表示房产分幅平面图的内容外，还应表示权界线、界址点点号、窑洞使用范围、挑廊、阳台、建成年份、用地面积、建筑面积、墙体归属和四至关系等。

89.【ACE】应准备原宗地图和地籍图的复印件、必要的变更数据的准备。

90.【ABE】界址点坐标测量的方法包括：极坐标法(全站仪)、角度交会法(全站仪)、摄影测量法、GNSS 测量法等。

91.【ACDE】数字摄影测量系统的硬件包括计算机和立体观测及操作控制设备、输入输出设备、小型机、工作站。其中观察设备主要有：①互补双色镜片眼镜；②立体反光镜；③闪闭式液晶眼镜系统；④偏振显示屏、偏振光眼镜。操作控制设备有：①手轮、脚盘；②三维鼠标。输入、输出设备有：①输入设备：影像数字化仪；②输出设备：矢量绘图仪、栅格绘图仪。

92.【ACD】空间后方交会：利用已知地面控制点数据及相应像点坐标根据共线方程反求影像的外方位元素。解析空三加密，获得各航空像片的外方位元素和加密点数据；POS 直接测定外方位元素；而相对定向-绝对定向方法只是计算影像点的三维坐标，根据已知影像的内定向参数和外方位元素及数字高程模型，按一定的数学模型用控制点解算，从原始非正射投影的数字影像获取正射影像，这种直接利用计算机对数字影像进行逐个像元的微分纠正，称为数字微分纠正。

93.【ABCE】新增地物必须在调绘时进行补测，通常采用交会法、截距法、坐标法、比较法确定新增地物的位置。

94.【ABD】通常由交互式 CAD、摄影测量、激光扫描等技术手段获取几何信息，并根据模型精度贴加不同类型的纹理。

95.【ABC】为了地形图使用的需要，地图定向中，规定在 1∶2.5 万、1∶5 万、1∶10万比例尺地形图上绘出三北方向。

96.【BCD】地理信息系统产品开发验收的依据主要有项目合同文件、项目需求说明书及其变更材料以及相关标准规范等。

97.【ACD】基于栅格结构的空间变换可分为三种方式：①单点变换；②邻域变换；③区域变换。

98.【BDE】在 GIS 中与空间信息有关的信息模型有 3 个，即基于对象(要素)的模型、网络模型以及场模型。要素模型用于描述各种空间地物；网络模型可以模拟现实世界中的各种网络；场

模型用于描述空间中连续分布的现象。

99.【CDE】在地理信息系统的空间数据结构中，栅格结构的编码方式主要有直接栅格编码、链码、游程长度编码、块码、四叉树码等；矢量结构的编码方式主要有坐标序列编码、树状索引编码、二元拓扑编码。

100.【ACD】导航电子地图安全审查与保密处理的内容包括：坐标脱密处理、敏感信息处理、境界审查和修改等。

仿真试卷七参考答案及解析

一、单项选择题

1.【B】B 级网 GNSS 测量，天线定向标志线应指向正北，顾及当地磁偏角修正后，其定向误差不大于±5°。

2.【D】2000 国家大地坐标系原点位于包括海洋和大气的整个地球的质量中心。

3.【B】垂线偏差改正是地面上以铅垂线为准观测的方向值，归算为参考椭球面上以法线为准的水平方向值，顾及测站点垂线偏差影响所加的改正，以 δ_1 表示。标高差改正地面水平方向观测值，沿法线方向归算至参考椭球面上法截线方向时，顾及照准点标高，所加的改正称为标高差改正，以 δ_2 表示。截面差改正对向观测的法截线方向不相重合，法截线方向化为大地线方向所加的改正，称为截面差改正，以 δ_3 表示。

4.【D】B 级 GNSS 网采样间隔为 30s。

5.【D】$M_{CD}=\sqrt{3m^2+m_0^2}=\sqrt{3\times 6^2+3^2}=10.8''$。

6.【B】子午线收敛角 γ 是真北方向与坐标北方向之间的夹角。磁偏角 δ 是真北方向与磁北方向之间的夹角。真北方向(真子午线方向)真方位角 A 由天文或陀螺仪测定；磁北方向(磁子午线方向)磁方位角 A_m 由罗盘仪测定；坐标纵轴(轴子午线方向)坐标方位角 α 由测量计算得到，三者关系：$A=\alpha+\gamma$；$A=A_m+\delta$；$\alpha=A_m+\delta-\gamma$。当磁北方向或坐标北方向偏于真北方向东侧时，δ 和 γ 为正；偏于西侧时，δ 和 γ 为负。

7.【B】GNSS 图根控制测量，可以采用 GNSS-RTK 方法直接测定图根点的坐标，但其半径不宜超过 5km。

8.【C】各等级的重力点都必须测定平面坐标和高程，平面坐标和高程的测定中误差不应超过 1.0m。

9.【A】国家加密重力测量的主要任务是在全国建立 5′×5′的国家基本格网的数字化平均重力异常模型进行全面重力测量。

10.【A】二等三角测量按三角形的闭合差计算的测角中误差不超过 1.0″。

11.【D】国家等级水准网的布设原则是：由高级到低级，从整体到局部，逐级控制，逐级加密。

12.【B】全球卫星导航定位连续运行基准站网的组成部分包括数据中心、数据通信网络、基准站。

13.【C】由《区域似大地水准面精化基本技术规定》，数字高程模型应使用精度不低于国家 1∶5 万比例尺 DEM 的数据，且格网间距不大于 25m×25m。

14.【D】航海图一般采用墨卡托投影，1∶2 万及更大比例尺的海图必要时亦可采用高斯-克吕格投影，制图区域 60%以上的地区纬度高于 75°时，采用日晷投影，亦称球心投影。

15.【C】1∶2 000 丘陵地的基本等高距为 2.0m。

16.【D】用于三角高程起算的海控点、测图点、验潮水尺零点、工作水准点及主要水准点，均应用水准联测的方法确定其高程。用水准联测测高程时，必须起测于国家等级水准点，根据需要的高程精度和测线长度决定施测等级。进行等级水准测量时，应按国家规范执行。验潮站水准点与验潮站水尺间的联测，按等外水准测量要求施测。

17.【C】岸线性质的概括主要采取删除、夸大和转换三种方法，即删除短小的岸线性质，夸大表示特殊性质的岸线，将次要的短小岸线转换为主要性质岸线表示。

18.【B】水深注记、线状要素的图上位置要求位置偏差不大于 0.3mm，点状要素图上位置要求位置偏差不大于 0.2mm。

19.【A】隐蔽管线点探查的水平位置偏差与埋深较差与管线埋深关系为 0.1h 和 0.15h(h：管线埋深深度，m)。

20.【B】两开挖洞口间长度 L 为 $4\text{km}\leq L<8\text{km}$，隧道工程的相向施工中线在贯通面上的横向贯通误差不应大于 150mm。

21.【A】一等变形监测的精度要求有：即变形观测点的高程中误差 0.3mm，相邻变形观测点的高差中误差 0.1mm，变形观测点的点位中误差 1.5mm。无相邻变形观测点的点位中误差要求。

22.【D】对于没有竖井的隧道贯通测量，横向贯通误差主要来自洞外地面控制测量和洞内导线测量。现行规范将地面控制测量的误差作为影响隧道贯通误差的一个独立因素，而将地下相向开挖的洞内导线测量误差各作为一个因素，根据等影响原则 $M_{外}=M_{横}/\sqrt{3}=0.58M_{横}$，该题 $M_{横}=100\text{mm}$，如果是一个竖井的，$M_{外}=M_{横}/\sqrt{4}=0.50M_{横}$，若是两个竖井的，$M_{外}=M_{横}/\sqrt{5}=0.45M_{横}$。

23.【D】大型精密设备的安装测量控制网的点位中误差通常要求不超过±1mm，安装控制网的特点为边长短、范围小，其精度与设备的安装精度有关。

24.【B】测设房屋轴线、测量各种管线进出口的位置和高程，并附房屋编号、构层数、面积和竣工时间等资料。

25.【D】管线点相对于邻近控制点的测量点位中误差不应大于 5cm，测量高程中误差不应大于 3cm。

26.【C】陀螺经纬仪在地理南北纬度不大于 75°的范围内，一般不受时间和环境等条件限制，可实现快速定向。

27.【A】$m_d=\dfrac{m_\beta}{\rho}\cdot S=1.45\text{mm}$，其中 $m_\beta=1.5'$，$\rho=206\ 265$，$S=200$。

28.【A】地形图成果质量元素有：①数学精度；②数据结构正确性；③地理精度；④整饰质量；⑤附件质量。

29.【A】全国地理国情普查中，高层、多层甚至低矮房屋组合为一体的独立房屋建筑，应按高度最高的房屋建筑所属类型归类。

30.【A】地籍铅笔原图要求：①相邻界址点间距、界址点与邻近地物点关系距离的中误差不得大于图上 0.3mm。②宗地内部与界址边不相邻的地物点，不论采用何种方法勘丈，其点位中误差不得大于图上 0.5mm；邻近地物点间距中误差不得大于图上 0.4mm。

31.【A】面积量算是指水平面积量算。

32.【D】两次面积较差应满足 $\Delta \leqslant 3\times10^{-4}M\sqrt{p}$ ，M 为比例尺分母，p 为量算面积，m^2。

33.【C】房产分丘图是分幅图的局部图，是绘制房屋产权证附图的基本图。分丘图是房屋产权证的基本图。为满足产权证附图的需要，一般要求分丘图地物点相对于临近控制点的点位误差不超过 0.5mm。

34.【D】不分摊的共有建筑面积：①人防工程；②已出售给产权人独立使用的地下室、半地下室、车库、车棚等；③用作公共休憩用的亭、塔，道路旁人行走廊，绿化带场所的公共设施；④用作公共事业、市政建设的建筑物；⑤层高超过 2.20m 的避难层中用作消防避难的建筑面积以及结构转换层的建筑面积；⑥为多幢房屋服务的管理用房、设备用房、居委会、派出所等公共用房，会所、储蓄所、娱乐活动室、阅览室、托儿所等经营性用房，以及穿过房屋的通道等，依照共有建筑面积分摊原则参与分摊。应分摊的共有建筑面积：①本幢房屋内的电梯井、管道井、垃圾道、观光(井)梯、提物井等；②共有的楼梯间、电梯间；③为本幢服务的变电室、水泵房、消防控制室、大楼监控室、设备间、值班室以及公共用房和管理用房等；④共有的门厅、大厅、过道、门廊、门斗、走廊、檐廊等；⑤屋顶共有的电梯机房、水箱间、机电设备用房等；⑥共有的室外楼梯；⑦公共建筑物之间的分隔墙，以及外墙(包括山墙)水平投影面积一半的建筑面积。

35.【B】分摊系数=分摊面积/套内建筑面积；房屋的产权面积为套内建筑面积和共有建筑面积之和。

36.【A】调绘像片和航测原图上各种要素应分红、绿、黑三色表示。其中房产要素、房产编号和说明用红色，水系用绿色，其他用黑色。

37.【D】边界地形图和边界协议书附图比例尺视情况选用：①同一地区，勘界工作用图和边界协议书附图应采用相同比例尺；②同条边界，协议书附图应采用相同比例尺；③省级行政区选用 1∶50 000 或 1∶100 000 比例尺；④省级以下行政区采用 1∶10 000 比例尺；⑤地形地物稀少地区可适当缩小比例尺；⑥地形地物稠密地区可适当放大比例尺。由③和⑥可知，1∶50 000为最佳比例尺。

38.【C】边界调绘的地物点对野外控制点的平面误差不应大于图上±0.5mm。

39.【B】界桩点的最大展点误差和补调的与确定有关的地物点相对于邻近固定地物点的间距中误差分别为 0.2mm、0.5mm。

40.【C】一个立体像对由 2 张航片构成，而一张航摄像片有 6 个外方位元素，所以一个立体像对共有 12 个外方位元素。

41.【D】在地面上布设像片控制点的标志，标志的中心点即像片控制点，经实地测出控制点的平面坐标与高程。荒漠区地物纹理相似，难以找到好的地面控制点，在航摄飞行之前，应按照设计的点位在地面设置明显标志，摄影后这些标志在像片上要清晰可见，以便提高航测地形图的精度。弧形地物或易产生阴影处不宜布设地面标志点。

42.【A】对于航摄机主距的选择，顾及像片上投影差的大小，以及摄影基高比对高程测定精度的影响，一般情况下，对于大比例尺单像测图(如正射影像图制作)，应选择窄角或常角航摄机；对于立体测图，则应选用宽角或特宽角航摄机。考虑城区建筑物的高度，应采用窄角。

43.【C】影像质量可以使用地面解像距离(GRD)表达，它是比例尺和分辨率综合作用的结果，这种距离可把胶片动态分辨率外推成地面距离。地面解像距离表示如下：GRD=像片比例尺的倒数/系统分辨率=50 000/40=1 250mm=1.25m。

44.【D】绝对定向的过程就是恢复相对定向完成的模型，比例尺、坐标原点、模型坐标系与地面坐标系不一致的过程；实现一个三维空间上的相似变换，至少需要 2 个平高控制点和 1 个高程控制点，且 3 个控制点不能在 1 条直线上。实际上一般采用 4 个平高控制点。共求出 7 个参数，用来进行三维空间相似变换。

45.【A】航摄比例尺：3 000m/0.150m = 20 000。基线长度：(0.23m×20 000)×(1−60%)= 1 840m。基高比：1 840/3 000=0.61m(QuickBird 全色波段卫星影像的空间分辨率 0.61m)。

46.【A】对于彩色遥感影像平面图制作一般选择不少于 3 个波段的多光谱影像。

47.【C】遥感图像平滑的目的在于消除各种干扰噪声，使图像中高频成分消退，处理图像的细节，降低反差，保存低频成分。遥感图像锐化是增强图像的高频成分，突出图像的边缘信息，提高图像细节的反差。

48.【D】数字正射影像图(DOM)的地面分辨率在一般情况下不应大于 0.000 $1M_{图}$($M_{图}$为成图比例尺分母)。以卫星影像为数据源制作的数字正射影像图的地面分辨率可采用原始卫星影像的分辨率。

49.【A】航摄时间的选定原则如表 12 所示。

表 12　**航摄时间的选定原则**

地形类别	太阳高度角/(°)	阴影倍数
平地	>20	≤3
丘陵地和一般城镇	>30	≤2
山地和大中型城市	>45	≤1
陡峭山区和高层建筑密集的大城市	在当地正午前后 1h	

50.【C】IKONOS2 遥感传感器的成像方式是三线阵 CCD 推扫式成像。

51.【C】航摄设计用图的比例尺大小一般取决于成图比例尺，而航摄比例尺还可以根据成图目的，摄影的具体条件由航摄单位与用户商定。

52.【A】对于数字图像来说，直方图实际就是图像灰度值的概率密度函数的离散化图形。决定一幅图像的视觉效果有 2 个关键性的指标：亮度和对比度。当图像像元的灰度值都集中在某个狭小的亮度区间时，就表现为对比度很小(方差小)，图像在视觉上模糊；如果图像像元的灰度值都分布在低亮度区，就表现为图像的整体亮度低(均值小)，图像在视觉上黑暗。

53.【B】《低空数字航空摄影测量内业规范》表规定及附录 A 对数字高程模型特征点匹配尺寸估算公式，对平地进行了适当放宽。

54.【C】利用机载激光扫描(简称 LiDAR)可以直接获取地面的 DSM，精度可以达到 15~20cm，甚至更高，对地面裸露地区可以直接获取 DEM。

55.【C】在资源遥感卫星传感器的设计中，一般不采用紫外线。紫外线的波长范围为 0.01~0.38μm，太阳光谱中，只有 0.3~0.38μm 波长的光到达地面，对油污染敏感，但探测高度在 2 000m 以下。

56.【A】SPOT-5 全色波段影像的最高空间分辨率为 2.5m。

57.【A】三维激光扫描技术通过高速激光扫描测量的方法，大面积高分辨率地快速获取被测对象表面的三维坐标数据。可以快速、大量地采集空间点位信息，为快速建立物体的三维影像模型提供了一种全新的技术手段。

58.【D】地图投影中保持无变形的纬线称为标准纬线，所以标准纬线处的长度比为 1。

59.【B】定点符号代表的是局限于该点上的数据，而分区统计图表法表示的是区域的统计数据。

60.【A】质底法是在轮廓界线内用填充颜色、网纹、符号、注记等方式，表示连续分布、布满于整个地区的面状现象质量特征的方法。

61.【D】1∶50 万比例尺地形图上绘制经纬网的格网间隔是 30′×20′。

62.【D】图形形状简化的基本要求是：① 保持轮廓图形和弯曲形状的基本特征；②保持弯曲转折点的相对精确度；③ 保持不同地段弯曲程度的对比。

63.【D】不依比例尺“移动通信塔”符号(放大图)的定位点位于圆圈中心。

64.【A】一般来讲，制图综合中，取舍和概括的工作顺序为先取舍、后概括。

65.【A】缓冲区分析是指以点、线、面实体为基础，自动建立其周围一定宽度范围内的缓冲区多边形图层，然后建立该图层与目标图层的叠加，进行分析而得到所需结果。用来解决邻近度问题，描述地理空间中两个地物距离相近的程度。

66.【D】地图数字化误差属于源误差，其他选项内容属于数据处理误差。

67.【B】栅格数据的获取方式通常有：①来自遥感数据；②来自对图片的扫描；③由矢量数据转换而来；④由手工方法获取。

68.【D】拓扑空间关系主要有：①邻接关系：空间图形中同类元素之间的拓扑关系。②关联关系：空间图形中不同类元素之间的拓扑关系。③包含关系：空间图形中不同类或同类但不同级元素之间的拓扑关系。④连通关系：空间图形中弧段之间的拓扑关系。

69.【C】网格格式与矢量格式两个坐标体系的相互关系对同一幅图件，网格格式数据与矢量格式数据分属不同的坐标体系，分析这两个坐标体系的相互关系，对于实现这两种数据格式数据的相互转换显然是必要的。网格格式下，数字化图件的最左一列设定为 $i=0$，最上一行设定为 $j=0$，通常网格取正方形，其边长为 L_w。边长具体数值的设定取决于图件精度大小。在矢量格式下，数字化图件左上角设为坐标原点，点上图廓线为 x 轴，左图廓线为 y 轴，图件中矢量格式下的任意点$(x,\ y)$所在的网格编号为$(i,\ j)$，其中 $i=\mathrm{INT}(x/L_w)$，$j=\mathrm{INT}(y/L_w)$，在图件中网格格式下，网格$(i,\ j)$的中心点在矢量格式下的坐标为：$X_C=i\cdot L_w+L_w/2$，$Y_C=j\cdot L_w+L_w/2$。

70.【B】优化是在性能预测的基础上进行的，一般用 3 方面指标来衡量：①单位时间内所访问的逻辑记录个数要少；②单位时间内数据传送量要少；③系统占用的存储空间尽量要少。

71.【B】数据库设计中对数据物理设计进行评价的指标主要有分析时间效率、分析空间效率、维护代价及用户要求。

72.【D】最佳布局中心位置是指中心所覆盖范围内任一点到中心距离最近或花费最少。网络分析是运筹学模型中的一个基本模型，目的是研究网络工程如何安排，并使其达到效果最好，但并不能同时达到所有需求目标。

73.【A】GIS 软件的软件测试，最先进行的是单元测试。单元测试的对象是软件设计的最小单位，即模块。

74.【C】点状符号的尺寸以像素值为单位表示，其大小定义为 8×8、16×16、24×24、32×32 四种尺寸，可根据设备显示能力或显示比例尺自行选择。

75.【C】电子地图不具备精度高的特点。

76.【C】导航电子地图数据室内作业中注记的确定，可以参考国家 1∶5 万的地名库。

77.【A】GPS 和航位推算系统组合构成的定位导航模块可以很好地解决短时间内丢失 GPS 信号的问题，隧道内和地下停车场内也可以连续输出位置坐标，不会出现定位盲区。

78.【C】驾驶时，对于驾驶员最安全的导引方式是语音引导。

79.【A】导航电子地图数据检查验收工作有逻辑检查、实地验证、国家审图。

80.【A】传统的分布式计算和云计算的主要区别在于能否弹性调度。

二、多项选择题

81.【BCD】横轴墨卡托投影的特点：①中央子午线投影长度比为 0.999 6；②两条近似纬线距中央经线约 180km；③两割线内长度变形为负；对于割投影来说，两条几乎平行的线到中央经线的距离相等；④投影后两条割线上没有变形。

82.【ABCD】i 角误差、调焦镜运行误差、地球弯曲差、大气折光差等都是与视线长度有关的误差，在保持前后视距相等时，大部分可以消除。而等距观测不必每次照准都要调焦，可减少因距离差异引起调焦镜的大范围移动，从而避免调焦误差的增大。

83.【ACD】观测过程中仪器停放超过 2h，停放点应重复观测，以消除静态零漂。二等重力点联测路线每条测线一般在 36h 内闭合，困难地区可以放宽到 48h。

84.【AC】建立坝身平面控制网主要分两步：测设平行于坝轴线的控制线；测设垂直于坝轴线的控制线。

85.【ACD】半测回较差和各测回角值互差是水平角观测测回法的限差。

86.【ABD】作为技术设计书，必须包括观测周期、观测方法、仪器设备、数据处理分析方法。

87.【ACD】工程控制网的布网原则有：①要有足够的精度和可靠性；②要有足够的点位密度；③要有统一的规格。有时候，工程控制网可以越级布设，所以分级布网，逐级控制不对。

88.【ABDE】航行障碍物探测的主要方法有侧扫声呐探测、单波束加密探测、扫海具探测、磁力仪探测等。

89.【CDE】不计算建筑面积的范围有：①层高小于 2.20m 的夹层、插层、技术层和层高小于 2.20m 的地下室和半地下室；②突出房屋墙面的构件、配件、装饰柱、装饰性的玻璃幕墙、垛、勒脚、台阶、无柱雨篷等；③房屋之间无上盖的架空通廊；④房屋的天面、挑台、天面上的花园、泳池。

90.【ABE】地籍图上应表示的数学要素包括内外图廓线、内图廓点坐标、坐标格网线、控制点、比例尺、坐标系统等。

91.【ABE】边界线在图上用 0.3mm 红色实线不间断表示，以线状地物中心线为界且地物符号宽度小于 1.0mm 时，界线符号在线状地物符号两侧跳绘；界桩符号用直径 1.5mm 红色小圆圈表示；界桩号用红色注出。

92.【ACE】DOM 制作过程中，对原始影像的灰度值进行重采样的方法主要有：最邻近像元法、双线性插值法、双三次卷积法。双线性插值法的卷积核(权函数)是一个三角函数；双三次卷积法是以三次样条函数为卷积核；最邻近像元法是取离重采样点位置最近的像元(N)的灰度值作为重采样点的灰度值。

93.【ABE】利用数字微分纠正制作正射影像图必须知道影像的内定向参数、外方位元素、成图比例尺、DEM 等。

94.【ABCD】遥感图像增强常用的方法有代数变换、反差增强、滤波、彩色变换等。

95.【ABE】几何图形符号(即圆形、正方形、长方形、五角星形等)，以图形的中心点位为实地物体的中心位置。比如，水准点、独立房屋、发电站等。底部为直角的符号，以直角的顶点为实地物体的中心位置。比如，独立树、路标、气象站等。

96.【ACDE】地图的数学要素包括坐标网、控制点、比例尺、地图定向等。

97.【ABCE】数据入库前检查的依据包括：①数据库设计中对数据的技术要求；②数据生产技术设计书和有关技术规定；③数据生产技术总结；④数据生产的数据检查报告。

98.【ABCD】栅格格式向矢量格式转换通常包括以下 4 个基本步骤：①多边形边界提取；②边界线追踪；③拓扑关系生成；④去除多余点及曲线圆滑。

99.【BD】索引信息至少应包括 POI 索引和地址索引。索引所对应的符号形状为点，主要用于设施和地址的查询检索。

100.【ACD】网络地理信息服务在线地理信息数据的源数据包括矢量数据、影像数据、模型数据、地理监测数据、实时传感数据。

仿真试卷八参考答案及解析

一、单项选择题

1.【D】对于由 N 台 GNSS 接收机构成的同步图形中，一个时段的同步基线数为 $N=C_n^2=N(N-1)/2$，但其中只有 $N-1$ 条是独立的基线边。当同步观测的 GNSS 接收机数 $N\geq3$ 时，同步闭合环的最少个数为 $T=N(N-1)/2-(N-1)=(N-1)(N-2)/2$。

2.【B】$J_{独}=C(N-1)=2\times(3-1)=4$。

3.【B】GNSS 外业数据质量检核要求同一时段观测值的数据剔除率不宜大于 10%。

4.【A】凡地面各种固定性物体，以及江河、湖泊、森林、草地及各种人工建筑物，称之为地物。地面起伏主要是自然形成的，如高山、深谷、陡坎、悬崖峭壁及雨裂冲沟等，称之为地貌。

5.【B】参考历元可以算坐标系参数，因为确定坐标轴指向要对应“历元”，但不能算椭球参数。

6.【A】6°带和 3°带及 1.5°带的带号和经度计算公式如下：

(1)6°带：带号$(n)=\left[\dfrac{某地的经度}{6^\circ}\right]+1$；中央子午线$(L_0)=6^\circ\times n-3^\circ$

(2)3°带：带号$(n)=\left[\dfrac{某地的经度-1.5^\circ}{3^\circ}\right]+1$；中央子午线$(L_0)=3^\circ\times n$

7.【A】二等精密水准测量测站限差规定，检测间歇点高差之差应小于等于 1.0mm。

8.【B】消除或削弱多路径效应的措施有：选择合适的站址，测站应远离大面积平静的水面，测站不宜选择在山坡、山谷和盆地中，测站应离开高层建筑物；对接收机天线设置抑径板，而且对于极化特性不同的反射信号应有较强的抑制作用；设置适应的截止高度角，适当延长观测时间等。

9.【B】采用图廓西南角坐标公里数编号，x 坐标在前，y 坐标在后，中间用短线连接。1∶5 000 取至 km 数；1∶2 000、1∶1 000 取至 0.1km；1∶500 取至 0.01km。

10.【B】跨河水准测量宜在风力温和、气温变化较小的阴天进行，在雨后初晴和大气折射变化较大时，均不宜观测。晴天观测上午应在日出后 1h 起至太阳中天前 2h 止；下午自中天后 2h 起至日落前 1h 止。夜间观测应在日落后 1h 起至日出前 1h 止。

11.【A】RTK 图根点高程由流动站测得的大地高减去流动站的高程异常获得。

12.【C】采取按距离分配误差 A 点到 B 点的绝对高差计算过程如下：

$H_b-H_a=413.460-417.298=-3.838\text{m}$；$A$ 点到 B 点的实测高差：$h_1+h_2=-2.430-1.390=$

-3.820m。高差之差：$F=(H_b-H_a)-(h_1+h_2)=-0.018$，则：$H_Q=H_A+h_1+F_{h_1}=414.856$m。

13.【D】水深测深范围在 $50<Z\leq100$，极限误差±1.0，单位：m。

14.【B】短期验潮站和临时验潮站深度基准面的确定可采用几何水准测量法、潮差比法、最小二乘曲线拟合法、四个主分潮与 L 比值法，由临近长期验潮站或具有深度基准面数值的短期验潮站传算。

15.【D】航海图分幅的主要原则：①尽量减少图幅的数量；②总图要保持制图区域的相对完整；③航海图采用自由分幅。

16.【C】码头泊位电子海图编辑比例尺最小为 1：5 000。

17.【D】工程高程控制测量的主要方法有：水准测量、三角高程测量、GPS 水准测量。

18.【A】实测检查量不应少于测图工作量的 10%。

19.【C】1：2 000 的丘陵地形图应该选择 2.0m 为基本等高距。

20.【A】图根点相对于图根起算点的点位中误差不得大于图上 0.1mm；高程中误差不得大于测图基本等高距的 1/10。

21.【D】图根点的密度应根据测图比例尺和地形条件来定，常规成图方法不宜小于表 13 的规定。

表 13 平坦开阔地区图根点的密度

测图比例尺	1：500	1：1 000	1：2 000
图根点密度	150	50	15

22.【D】《工程测量标准》规定，地形图修测时新增地物与原有地物的间距中误差不得超过图上±0.6mm，修测后的地物不应再作为修测新地物的依据。

23.【A】竣工总平面图以现场测绘绘制为主，设计图结合室内编绘为辅，一般选用的比例尺为 1：500。

24.【B】当利用建筑物或构件的顶部与底部之间的竖向通视条件进行主体倾斜观测，宜选用的方法有：激光铅直仪观测法、激光位移计自动记录法；正、倒垂线法，吊垂球法。

25.【D】坐标反算是由两点坐标计算直线的水平距离和方位角；坐标正算是由水平距离和直线方位角计算坐标增量 dx，dy。

26.【B】由水准测量原理可知 $h_{AB}=H_B-H_A=a-b>0$。

27.【C】《工程测量标准》规定，检核点的高程较差不应大于 1/3 的基本等高距。

28.【D】《工程测量标准》规定，铁路、二级及以下公路的高程控制测量中，水准路线应每隔 30km 与高等级水准点联测一次。

29.【D】通过加测陀螺边，可以增加地下导线的强度与检核条件，使导线末端的方位角精度提高，从而提高贯通精度。

30.【A】房产测量统一采用高斯投影，坐标系统则采用 1980 西安坐标系或地方坐标系，采用地方坐标系时应与国家坐标联测。

31.【D】按外围水平投影面积的一半计算：①与房屋相连有上盖无柱的走廊、檐廊，按其围护结构外围水平投影面积的一半计算；②独立柱、单排柱的门廊、车棚、货棚等属永久性建筑物的，按其上盖水平投影面积的一半计算；③未封闭的阳台、挑廊，按其围护结构外围水平投影面积的一半计算；④无顶盖的室外楼梯按各层水平投影面积的一半计算；⑤有顶盖不封闭的永久性的架空通廊。

32.【C】符号的定位点和定位线一般在其图形的中心或底线中心，底部为直角形的符号，在直角的顶点。

33.【B】单位名称只注记区、县级以上和使用面积大于图上 100cm^{2}的单位。

34.【D】房产变更测量分为现状变更测量和权属变更测量。（1）现状变更测量：①房屋的新建、拆迁、改建、扩建，房屋建筑结构、层数的变化；②房屋的损坏与灭失，包括全部拆除或部分拆除、倒塌和烧毁；③围墙、栅栏、篱笆、铁丝网等维护物以及房屋附属设施的变化；④道路、广场、河流的拓宽、改造，河、湖、沟渠、水塘等边界的变化；⑤地名、门牌号的更改；⑥房屋及其用地分类面积的增减变化。（2）权属变更测量：①房屋买卖、交换、继承、分割、赠予、兼并等引起的权属的转移；②土地使用权界的调整，包括合并、分割、塌没和截弯取直；③征拨、出让、转让土地而引起的土地权属界线的变化；④他项权利范围的变化和注销。

35.【C】采用部分解析法进行地籍测绘时，面积量算应采用坐标法计算每个街坊面积，用街坊面积数控制本街区内宗地面积之和。街坊内各宗地面积之和与街坊面积误差小于 1/200 时，将误差按面积分配到各宗地，得出平差后的各宗地面积。采用实测数据解析法测算的宗地面积，只参加闭合差计算，不参加闭合差的配赋。

36.【C】地籍编号：同一街道、街坊、宗地被两幅以上分幅地籍图分割时，应注记同一地籍号。

37.【A】地籍测绘成果档案的编号以省为单位，由市、县代号、类目代号和案卷顺序号三部分组成。

38.【A】1201 表示空闲地，1202 表示设施农用地，1203 表示田坎，1204 表示盐碱地，1205 表示沙地，1206 表示裸土地。

39.【B】植被要素用绿色，地貌要素用棕色，水系要素用蓝色，其他要素用黑色标绘在边界地形图上。各类要素符号的规格与所利用的边界地形图一致。边界调绘的各要素采集数据应是矢量的。

40.【A】边界走向说明中涉及的方向，采用的 16 方位值是以真北方向为基准进行描述的。

41.【C】《无人机航摄安全作业基本要求》场地选取规定：起降场选址应满足距离军用、商用机场在 10km 以上。

42.【C】h_θ 表示摄影要求的太阳高度角，单位为度(°)。

43.【B】影像分辨率是指地面分辨率，一般用像素所代表的地面大小来表示；扫描影像分辨率是指扫描分辨率。胶片影像分辨率：用“线对/mm”表示，反映了线条及其背景间的特定反差比。而数字影像分辨率：用“地面采样间隔 GSD（Ground Sample Distance）”表示。

44.【A】航测立体测图的方法有 3 种：模拟法立体测图、解析法立体测图和数字化立体测图。目前，在生产单位前两种方法不再采用，基本实现全数字化立体测图。

45.【C】平高区域网布点方案要求每条航线两端必须布设高程点。

46.【A】摄影机的检校方法主要有光学实验室检校法、试验场检校法和自检法。大多数情况下，对摄影机内方位元素的确定和物镜光学畸变差的确定是摄影机检校的主要内容。

47.【C】将 POS 和航摄仪集成，可通过 IMU 测定航摄仪的姿态参数。

48.【D】遥感图像降位处理的目的是将影像灰度转换至 0~255 之间。

49.【A】地物的波谱特征是遥感识别地物的基础。

50.【B】太阳光通过大气层射到地球表面，地物会发生反射作用。物体对电磁波谱的反射能力用反射率表示。从紫外、可见光至近红外，遥感器接受的主要是来自地物反射太阳辐射的能量，因此，在这一波长范围内的地物波谱研究，主要是研究地物的反射波谱。

51.【C】根据成图比例尺确定分区最小跨度，在地形高差许可的情况下，航摄分区的跨度应尽量大，同时分区划分还应考虑用户提出的加密方法和布点方案的要求。

52.【C】航测立体测图在等倾斜地段，相邻两计曲线间隔距离在图上小于 5mm 时，可只测绘计曲线，首曲线可以插绘。

53.【D】《航空摄影技术设计规范》规定，当沿图幅中心线敷设航线时，平行于航摄飞行方向的测区边缘应各外延一条航线。

54.【D】《可量测实景影像》规定，间隔和数量：相邻可量测实景成像间隔应在 12m 以内。每个成像位置的可量测实景影像个数至少为 4 个，即前视 2 个，左视 1 个，右视 1 个，前视影像与中心线夹角小于 15°，左视、右视影像与中心线夹角应在 20°~45°。

55.【B】DLG 生产中，立体影像对的相对定向应以定向点残余上下视差衡量其精度。在 DLG 生产中，影像内定向则以框标坐标量测误差来衡量其精度。

56.【C】《1∶500 1∶1 000 1∶2 000地形图航空摄影测量内业规范》规定，数字摄影测量系统生产平地和丘陵地 1∶2 000 DLG 时，要求地物点相对附近外业控制点平面位置中误差不得大于图上 0. 6mm。

57.【D】光束法解析空中三角测量是以一幅影像所组成的一束光线作为平差的基本单元，以中心投影的共线方程作为平差的基础方程。通过各个光线束在空间的旋转和平移，使模型之间公共点的光线实现最佳的交会，并使整个区域最佳地纳入已知的控制点坐标系统。光束法解析空中三角测量是最严密的一种解法，误差方程式直接对原始观测值列出，能最方便地顾及影像系统误差的影响，最便于引入非摄影测量附加观测值，如导航数据和地面测量观测值。它还可以严密地处理非常规摄影以及非量测像机的影像数据。

58.【C】地貌注记中，山脉名称通常采用屈曲字列等线体注出。

59.【C】在表示地貌起伏时，①反映地貌数量特征的——等高线法；②反映地貌高程分布的——分层设色法；③反映地貌立体感的——晕渲法。

60.【B】地图印刷前，必须将所有要素都转化成 CMYK 色彩模式。

61.【B】由经纬线构成的图廓线，其东西两边的图廓线以直线表示；南北两边的图廓线以折线表示，对于 1∶5 万及以上比例尺地形图而言，南北两边的图廓可视为直线。

62.【A】1∶100 万图幅号代入数值，计算：横列数=10，对应 ASCⅡ码值：J，纵行数=51。

$$横列数=\left[\frac{某地的纬度}{4°}\right]+1\text{；}纵行数=\left[\frac{某地的经度+180°}{6°}\right]+1$$

63.【A】等值线法最适用于像地形起伏、气温、降水、地表径流等布满整个制图区域的均匀渐变的自然现象。

64.【A】GIS 总体设计阶段的主要任务是将系统需求转换为数据结构和软件体系结构。

65.【C】系统经济评价指标有：①系统产生的效益；②软件商品化程度；③技术服务支持能力；④软件维护与运行管理。

66.【A】GIS 设计的主要过程包括需求分析、可行性分析、系统总体设计、系统详细设计、系统功能设计、编码与调试、系统测试、系统的部署和系统的运行与维护。

67.【A】详细设计的主要步骤包括：细化总体设计的体系流程图，绘出程序结构图，直到每个模块的编写难度可被单个程序员所掌握为止，确定功能模块算法、确定模块数据组织、确定模块接口细节和模块间的调度关系、描述模块的流程逻辑、编写详细设计书。

68.【A】数据流图是 GIS 结构化分析的核心部分，为用来描述 GIS 的主要分析工具。

69.【A】E-R 图描述的是实体、联系和属性之间的关系，是进行概念设计的重要步骤。

70.【D】GIS 维护主要内容：①纠错；②完善和适应性维护；③数据更新；④硬件设备的维护。

71.【C】有关的信息存放在表的行，被称为记录。一般来说，数据库创建时任意两个记录都不能相同。并不是说，表中每个记录必须有数据。

72.【B】《基础地理信息数据库测试规程》规定，抽样的具体内容和抽样比例应由测试人员根据测试数据库的实际情况进行确定，一般按 1%~3%比例抽样，并在测试大纲中明确。

73.【C】《城市基础地理信息系统技术规范》规定，城市 DEM 数据的基本格网尺寸应为 5m×5m。

74.【A】在地理信息系统中，通常使用的三个坐标系是世界坐标系、规范化坐标系和设备坐标系。

75.【D】空间数据库设计是指在现在数据库管理系统的基础上建立空间数据库的整个过程，它的设计过程一般按照需求分析、概念设计、逻辑设计、物理设计、数据库实施的顺序进行。

76.【C】空间数据库的逻辑设计一般是按照图库—数据集—数据层为主线考虑。

77.【A】导航应用软件基本功能包括定位与显示、地图浏览与信息查询、智能路线规划、语音引导等。

78.【B】瓦片技术就是把一整张地图切割成“瓦片”般的不同级别的图片，加快地图显示速度的一种技术。

79.【C】当前的网络地理信息服务方式中，门户网站是普通用户使用各类服务的入口，向用户提供地图浏览、地名查找、地址定位、空间查询、地名标绘、在线制图、元数据查询、数据下载等服务。

80.【C】公众版网络地理信息服务数据的空间位置精度要求，数字高程模型格网不小于 100m。

二、多项选择题

81.【ACE】大地水准面是指平均海平面通过大陆延伸勾画出的一个连续的封闭曲面。因地球表面起伏不平和地球内部质量分布不均，故大地水准面是一个略有起伏的不规则曲面。大地水准面是一个重力等位面，它是高程测量中正高系统的起算面。大地水准面具有唯一性。

82.【ABD】A 级 GPS 网用于建立国家一等大地控制网，进行全球性的地球动力学研究、地壳形变测量和精密定轨等的 GPS 测量。

83.【ACE】GPS 外业观测数据质量检核的主要内容有同步观测环闭合差、复测基线长度差、独立环闭合差及附合路线坐标闭合差。

84.【ABCD】水深测量中，水深改正主要包括吃水改正、姿态改正、潮位改正（水位改正）、声速改正。

85.【ABD】GPS 和 CORS 在平硐、斜井内无信号，故不宜采纳。

86.【ABD】定测阶段的中线测量是依据初测导线点定出设计的纸上线路，再沿此线路测设中线桩（百米桩和加桩）和曲线。常用的方法有穿线放线法、拨角放线法、GPS-RTK 法、全站仪极坐标法等。

87.【ABDE】合成孔径雷达干涉测量（InSAR）技术使用微波雷达成像传感器对地面进行主动遥感成像，采用一系列数据处理方法，从雷达影像的相位信号中提取地面的形变信息。用 InSAR 进行地面形变监测的主要优点在于：①覆盖范围大，方便迅速；②成本低，不需要建立监测网；③空间分辨率高，可以获得某一地区连续的地表形变信息；④全天候，不受云层及昼夜影响。

88.【BCD】高精度变形监测网优化设计应该同时顾及网的精度、可靠性、灵敏度。

89.【BC】房产分幅图是全面反映房屋及其用地位置和权属等状况的基本图。房产分丘图包括平面控制点、行政境界、丘界、房屋、附属设施等要素和注记；房产分丘图是在分幅图基础上进一步绘制的明细。

90.【ABE】地籍要素主要包含土地的编号、利用类别、等级、面积及权属界线，界址点及其编号，各级行政区划界线及房产情况。

91.【ABCD】行政区域界线勘定后，应定期进行界线联合检查工作，界线联合检查内容包括：界桩维修更新、增设界桩、调整界线、重新测量界桩坐标与高程、重新修改协议书、重新测绘协议书附图等。

92.【ABCD】框幅式胶片航空摄影机作为量测型相机，大多数设有两种类型的框标：位于承片框四边中央的为齿状的机械框标；位于承片框四角的为光学框标。

93.【BCDE】外方位元素由摄影测量中用以描述摄影光束在物方空间坐标系中位置的 X_s、Y_s、Z_s（称为 3 个直线外方位元素）与姿态（Φ、ω、κ）的参数（称为 3 个角外方位元素）组成。外方位元素又称像片外定向元素，是确定摄影光束在物方的几何关系的基本数据。用于表征摄影光束在摄影瞬间的空间位置，包括摄影中心在某一空间直角坐标系中的三维坐标值（x，y，z）和确定摄影光束空间方位的 3 个角定向元素，共 6 个数据。

94.【AD】实际作业中一般用 P 代表平面点，G 代表高程点，N 代表平高点，同期成图的一个测区内要分别统一编号。采用字母后附加数字的方法，编号顺序采用同一航线从左到右，航线间从上到下的顺序，编号中不得出现重号。

95.【CD】DEM 有多种表示形式，主要包括规则矩形格网与不规则三角网等。

96.【ABC】由特殊的数学法则产生的可量测性，该法则主要包括地图投影、地图比例尺、地图定向等三个方面。

97.【ABC】根据地图数据的特征，可以把地图数据分为空间数据、关系数据、属性数据；而矢量数据和栅格数据是根据存储形式划分的。

98.【ABCD】地理系统设计与实施主要步骤：用户要求调研与可行性分析→工程实施方案与总体设计→开发、测试、试运行与调试→系统维护与评价。

99.【ABDE】几何量算对不同的点、线、面地物有不同的含义：①点状地物（0 维）：坐标。②线状地物（1 维）：长度、曲率、方向。③面状地物（2 维）：面积、周长、形状、曲率等。④体状地物（3 维）：体积、表面积等。形状量算：面状地物形状量测的两个基本考虑：空间一致性问题，即有孔多边形和破碎多边形的处理；多边形边界特征描述问题。质心量算：质心是描述地理对象空间分布的一个重要指标。在某些情况下，质心描述的是分布中心，而不是绝对几何中心。距离量算：它描述了两个事物或实体之间的远近程度。

100.【ABCE】网络地理信息服务标准一般主要涉及数据规范、服务规范、应用开发技术规范。其中服务规范主要包括服务接口规范，如国际开发地理空间联盟（OGC）的网络地图服务规范（WMS）、网络要素服务规范（WFS、WFS-G）、网络覆盖服务规范（WCS）、网络处理服务规范（WPS）和目录服务规范（CSW）等。

仿真试卷九参考答案及解析

一、单项选择题

1.【C】检定场点位布设要求全方位高度角10°以上无障碍物。

2.【D】采用双频接收机，可以利用电离层折射和信号频率有关特性，求得电离层折射改正量，从而消除电离层误差的影响。

3.【B】根据《国家三、四等水准测量规范》A5.3，冻土深度超过0.8m的地区，普通水准标石应选用混凝土柱水准标石或钢管水准标石。标石埋设深度应依地下水位的高低按表14决定。

表14　**标石埋设深度**

地下水位距地面高	标石底盘底部位于最大冻土深度线下	标志距地面距离
≤6	>0.5	0.3~0.5
6~10	>0.2	0.3~0.5
≥10	按一般地区埋设混凝土普通水准标石	

挖深 $H>0.5+1.2=1.7$m，满足题意的是至少大于1.7m，所以选B。

4.【B】应进行24h以上的实地环境测试，对于国家基准站和区域基准站，数据可用率应大于85%，多路径影响应小于0.5m。

5.【A】GNSS土层点埋石结束后，冻土深度大于0.8m的地区应经过一个冻解期，方可进行观测。

6.【C】同步环边连接GNSS静态相对定位模式进行控制测量，同步观测仪器台数至少为5台。

7.【D】不同时间段经气象和归心修正后的测回互差限值/mm=5+3S(S的单位为km)。

8.【C】在加密重力点上做重复观测或者检查观测时，仪器应置于同一位置同一高度。

9.【D】在一般精度的GNSS定位中，定位所需要的时间实际上就是正确确定整周模糊度所需要的时间。

10.【D】区域似大地水准面精化的目的是综合利用重力资料、地形资料、重力场模型与GPS/水准成果，采用物理大地测量理论与方法，应用移去-恢复技术确定区域性精密似大地水准面。

11.【B】国家级应不低于30″×30″，省级与城市级应不低于3″×3″。

12.【C】国家一等水准测量用往返测不符值计算的每千米偶然中误差应不大于±0.45mm。

13.【B】《海道测量规范》规定，水位观测采用自记验潮仪、便携式验潮仪和水尺等设备的沿岸验潮站进行水位观测，其观测误差不得大于2cm。

14.【C】实测海岸地形时，海岸线以上向陆地方向测进时≥1∶1万比例尺为图上1cm，<1∶1万比例尺为图上0.5cm。

15.【A】《水位观测标准》3.1.3规定，进行水位观测，水尺布设的范围应高于测站历年最高、低于测站历年最低水位0.5m。

16.【C】海图要素综合制图中，水深注记一般呈菱形分布。

17.【D】对于大型不规则场馆复杂空间结构施工放样，宜采用全站仪三维坐标放样法进行。

18.【B】用归化方法设垂距为 BB'，则 $BB'=D_{OB}\times\Delta\beta''/\rho''=86\times(-24)''/206\ 265=-0.010$m。必须注意点往内还是往外垂距，应根据 $\Delta\beta$ 的正负号来决定。若观测值小于真值，$\Delta\beta$ 为正值，则往外量垂距，反之则向内改正。$\Delta\beta=-24''$。

19.【C】水准测量中，解决尺垫、水准尺下沉误差用往返观测法。

20.【D】偶然误差的特性：①在一定条件下，偶然误差的绝对值不会超过一定的界限（有限性）；②绝对值较小的误差比绝对值较大的误差出现的机会多（单峰性），亦称为渐降性；③绝对值相等的正误差与负误差出现的机会相等（对称性）；④偶然误差的平均值，随着观测次数的无限增加而趋近于零（抵偿性）。

21.【D】大型水利枢纽、能源、交通等工程的可行性研究，总体规划选用1∶2.5万或1∶5万比例尺。

22.【B】根据固定参数和待定参数的不同，控制网优化设计分为如下四类：①零类设计（基准设计）是在控制网的图形和观测值的先验精度已定的情况下，选择合适的参考基准（起始数据），使网的精度最高；②一类设计（网形设计）是在控制网成果要求精度和观测手段可能达到的精度已定的情况下，选择最佳的点位布设和最合理的观测值数量；③二类设计（权设计）是在控制网的网形和控制网成果要求精度已定的情况下，设计各观测值的精度（权），使观测工作量最佳分配；④三类设计（改进设计）是对现有网或现有设计进行改进，从而改善控制网成果精度。

23.【A】平面控制网的精度要能满足1∶500比例尺地形图测图要求，四等以下（含四等）平面控制网最弱点的点位中误差不得超过图上±0.1mm，即实地±5cm，这一数值可作为平面控制网精度设计的依据。

24.【C】根据《工程测量标准》，场区平面控制网相对于勘察阶段控制点的点位精度，不应低于5cm。

25.【C】根据《工程测量标准》，四等导线的长度为9km，节点与节点、节点与高级点之间的导线长度不应大于规定长度的0.7倍，即6.3km。

26.【B】①纵向贯通误差。水平面内沿中心线方向的贯通误差分量，仅对贯通有距离上的影响，故对其要求较低。②横向贯通误差。水平面内垂直于中心线方向的贯通误差分量，对隧（巷）道质量有直接影响，需重点控制。③高程贯通误差。铅垂线方向的贯通误差分量，对坡度有影响，若采用水准测量方法，一般较容易控制。

27.【B】1″级全站仪的说法是指该仪器的一测回水平方向中误差为 1″。

28.【A】对于大型精密设备，安装测量控制网控制点的点位中误差通常要求在 1mm 以内。

29.【D】房产平面控制点的密度与测区的大小、测区内界址点数量和精度及测区内地物地形情况有关，而与测图比例尺无直接关系。国标规定，建筑物密集区的控制点平均间距在 100m，建筑物稀疏区控制点平均间距在 200m。

30.【D】利用已有的地籍图、地形图编绘房产分幅图时，地物点相对于邻近控制点的点位中误差不超过图上±0.6mm。

31.【C】《房产测量规范》3.2.6 规定。

32.【D】房产分户图作为房屋权属证书附图时，图中应标注套内建筑面积与共有分摊面积。

33.【C】《地理国情普查内容与指标》(GDPJ 01—2013)规定，最小图斑对应的地面实地面积为 $200m^2$。其中，城市地区最小图斑对应的地面实地面积为 $100m^2$。

34.【A】以宗地为单位，利用界址点坐标计算面积。共用宗内，各自使用的土地有明显范围的，先划分各自使用界线，并计算其面积，剩余部分按建筑面积计算。一宗地分割成数宗地，其分割后宗地面积之和应与原宗地面积相符。如存在不符值时，其误差按分割宗地面积比例配赋。

35.【B】《地籍调查规程》规定，在首级高程控制网中，最弱点的高程中误差相对于起算点不大于±2.0cm。

36.【C】《地理国情普查数据规定与采集要求》(GDPJ 03—2013)规定，内容需按照地表覆盖分类的要求进行采集，共分三级。

37.【B】采用 16 方位制描述，北偏东北为 11°15′—33°45′。

38.【C】界桩点、界线转折点及界线经过的独立地物点相对于邻近固定地物点的平面位置中误差一般不超过图上±0.4mm。

39.【B】航外像片控制点距像片边缘不小于 1~1.5cm。

40.【D】数字正射影像图(DOM)的质量控制主要包括几何精度检查和影像质量检查。

41.【B】数字线划图(DLG)是现有地形图上基础地理要素分层存储的矢量数据。

42.【A】一般说来，GPS 辅助光束法平差用于摄影测量区域网加密时，需在区域的四角布设 4 个平高地面控制点，并在区域两端敷设两条垂直构架航线或者在区域两端垂直于航线方向布设两排地面高程控制点。

43.【B】共线条件方程中的像点坐标是指像平面坐标。

44.【A】彩红外与真彩色摄影应在色温 4 500~6 800K 范围内进行。

45.【D】为了减少相邻景与景之间的接边误差，相邻景之间的控制点必须为同名点。影像上连接点类型有：①明显地物点；②标志点；③人工转刺点；④仪器转刺点；⑤数字影像相关转点。

46.【B】《IMU/GPS 辅助航空摄影技术规范》规定，摄区内任意位置与最近基站间距离要求如表 15 所示。

表 15　**摄区内任意位置与最近基站间距离要求**

成图比例尺	1:100 000	1:50 000	1:25 000	1:10 000	1:5 000	1:2 000	1:1 000	1:500
摄区内任意位置与最近基站间距离/km	400		300		100		50	

47.【D】数字影像的分辨率是用地面采样间隔(GSD)的大小来描述的，而胶片影像的分辨率以每毫米线对数表示；扫描影像的分辨率常使用微米来表示。

48.【B】根据《1:500 1:1 000 1:2 000 地形图航空摄影测量外业规范》附录 H，调绘像片的整饰，调绘面积界线应用蓝色，自由图边、与已成图接边界线应用红色。

49.【B】航摄影像上高出摄影基准面物点的摄影比例尺大于基准面上物点的摄影比例尺。

50.【B】立体测图时每个像对四个基本定向点离通过像主点且垂直于方位线的直线最大不超过 1.5cm。

51.【A】矩阵的每一行对应一个扫描行。

52.【A】用于制作遥感图像平面图的相邻各帧图像之间应有不小于图像宽度 4%的重叠。

53.【D】雷达图像是多中心斜距投影的侧视图像，当雷达波束俯角与高出地面目标的坡度角之和大于 90°时，图像将产生底顶位移。

54.【D】空中三角测量成果质量检查内容主要有原始资料是否正确、各项参数设置、平差精度等。

55.【C】数字正射影像图应与相邻影像图接边，接边误差不应大于 2 个像元。

56.【B】遥感图像的目视解译步骤应从先已知后未知，先地表后深部，先图形后线形，先山区后平原。

57.【D】非监督分类一般包括影像分析、分类器选择与优化、影像分类、类别定义与类别合并、分类后处理、结果验证 6 个步骤。

58.【B】圆锥投影的经线为辐射直线，纬线为同心圆圆弧。

59.【D】我国基本比例尺地形图中，1:1 万地形图的图幅经纬差是经差 3′45″，纬差 2′30″。

60.【C】海洋中的岛屿在图上面积大于 $0.35mm^2$ 时应依比例尺表示，小于此面积时用不依比例尺的点状岛屿符号表示。

61.【B】相邻图幅之间的接边要素在图上相差 0.3mm 以内的，可只移动一边要素直接接边。

62.【C】1:10 万地形图上绘制平面直角坐标网的网格间隔相当于实地长是 4km。

63.【C】陆地地貌分层设色的色彩按照高程由低到高的顺序分别采用绿色系、黄色系、棕色系、浅紫色。

64.【C】我国的基本比例尺地形图采用梯形分幅，统一按经纬度划分。

65.【B】由套框图法计算对应图廓边长。

66.【B】注记的大小在一定程度上反映了被注记对象的重要性和数量等级。

67.【D】《城市三维建模技术规范》规定，LOD1、LOD2、LOD3、LOD4 分别为体块模型、基础模型、标准模型、精细模型。

68.【A】地理信息系统空间位置建立的基础是统一的坐标系统。

69.【B】空间数据的检查主要是指对数据的拓扑关系检查。

70.【C】系统软件需求规格说明书中不包括模块设计说明，模块设计说明在 GIS 详细设计中体现。

71.【A】采用四叉树编码时，为了保证四叉树分解能不断地进行下去，要求图像必须为 $2^n \times 2^n$ 的栅格阵列。

72.【C】追踪分析是指特定的栅格数据系统，有某一个或多个起点，按照一定的追踪线索进行目标追踪或者轨迹追踪，以便进行信息提取的空间分析方法。追踪分析在扫描图件的矢量化、利用数字高程模型自动提取等高线以及查找污染水源等方面发挥了重要的作用。

73.【B】栅格模型中，空间被规则地划分为栅格（通常为正方形），每个栅格的大小代表了定义的空间分辨率。

74.【D】四叉树编码可以直接进行大量图形图像运算。

75.【C】在大多数 GIS 中，提供的空间查询方式主要有基于空间关系查询、基于空间关系和属性特征、地址匹配查询等方式。

76.【C】行政区划、地籍信息、土地利用所采用的数据应是矢量数据，大气污染物应是栅格数据的应用。

77.【B】确认测试是验证被测软件的功能和性能是否与用户的要求一致，因此软件需求规格说明书是软件确认测试的基础。

78.【C】导航电子地图中道路数据是最核心的内容，为了实现导航路径的规划，需要建立道路拓扑模型。

79.【D】云计算是继 20 世纪 80 年代由大型计算机到客户端/服务器的转变后的又一次巨变，是一种基于互联网的计算方式。

80.【C】公众版网络地理信息服务数据的空间位置精度要求，等高距不小于 50m。

二、多项选择题

81.【AB】ITRF 是 ITRS 的具体实现，是通过 IERS 分布于全球的跟踪站的速度场、坐标来维持并提供用户使用的。

82.【BC】中央子午线为直线，其他子午线为曲线。高斯平面直角坐标系，以中央子午线为纵轴，以赤道的投影为横轴。

83.【ACDE】GPS 网平差流程内容主要包括基线向量提取、三维无约束平差、约束平差和联合平差、质量分析与控制。

84.【ABD】验潮的目的：①确定各验潮站的多年平均海面，深度基准面，各分潮的调和常数；②获得测深时的水位改正数。

85.【ABC】在地下工程施工阶段，应配合施工步骤和施工方法，进行施工控制测量、定线放样、竣工测量等工作。

86.【ABD】地面形变测量采用的主要方法有水准测量、GNSS 测量、InSAR 等。

87.【ACDE】公路中线测设时，里程桩应设在中线的边坡点、桥涵位置处。称为地形加桩和地物加桩。曲线起点、中点、终点等设置的桩为曲线加桩，关系加桩是在转点或交点上设置的桩（里程桩分整桩和加桩，其中加桩有：地形加桩、地物加桩、曲线加桩、关系加桩）。

88.【ABC】正倒镜分中法：在 B 点架仪器，盘左瞄准 A 点，倒镜定 a_1、b_1点；盘右瞄准 A 点，倒镜定 a_2、b_2点；取 a_1、a_2点的中点 a，b_1、b_2点的中点 b。水平角测量采用正倒镜观测法可以消除视准误差、横轴误差，竖直角观测时可消除指标差，采用正、倒镜观测不能消除因竖轴倾斜引起的水平角测量误差，但可以有效地克服建筑施工测量过程中的通视条件和设站条件的限制。

89.【ACD】房产分户图应表示的主要内容包括：房屋权界线、四面墙体的归属和楼梯、走道等部位，以及门牌号、所在层次、户号、室号、房屋边长和房屋建筑面积（套内建筑面积、共有分摊面积、产权面积）等。

90.【BCD】游泳场馆为体育用地，青少年宫为文化设施用地，福利院为社会福利用地，都属于公共管理与公共服务用地；而湿地公园为风景名胜设施用地，烈士陵园为殡葬用地，都属于特殊用地。

91.【ABC】在绘制边界线情况图的基础上，由界线相邻两行政区域，根据确定边界线的原则，将各自的边界主张线标绘在边界地形图上。主张线采用 0.3mm 的实线绘出，颜色一方用红色，另一方用蓝色，可压盖图上任何要素。

92.【ACD】航外像片控制测量的布点方案分为全野外、非全野外、特殊情况等布点方案。

93.【ABCE】像点坐标的系统误差主要由摄影材料变形、摄影物镜畸变、大气折光、地球曲率等因素引起，对每张像片的影响有相同的规律，是系统误差。

94.【ABE】数字高程模型（DEM）数据的采集方法主要有航空摄影测量法、利用空间传感器方法、地图扫描矢量化法。

95.【BCD】遥感图像可获取目标地物的大小、形状及空间分布、变化动态、属性方面的信息。

96.【ABC】居民地圈形符号的尺寸主要考虑最大尺寸、最小尺寸、适宜的级差。

97.【ABCE】范围法为在轮廓界线内用填充颜色、符号、网纹、注记等方式，表示成片分布的面状现象特征的方法。

98.【ABCD】需求分析是 GIS 项目调研阶段的工作之一，其他均是数据字典的主要内容。

99.【ABCD】导航电子地图的设计主要过程包括需求分析和需求评审、产品设计和规格设计、工具开发与测试、样品制作和产品开发任务编制。

100.【ABCD】规定了网络服务电子地图数据的坐标系统、数据源、地图瓦片、地图分级及地图表达，适用于电子地图数据的制作、加工、处理、地图瓦片的制作以及地图瓦片文件数据交换。

仿真试卷十参考答案及解析

一、单项选择题

1.【D】同步环数量的计算公式为 $S=(N-1)(N-2)/2$。

2.【C】国家似大地水准面分辨率不应低于 15′×15′，省级似大地水准面分辨率不应低于 5′×5′，城市似大地水准面分辨率不应低于 2.5′×2.5′。

3.【D】地面一点上的重力向量 **g** 和相应的椭球面上的法线向量 **n** 之间的夹角定义为该点的垂线偏差。

4.【B】RTK 碎部点测量时，当测区面积较大，采用分区求坐标系统的转换参数时，相邻分区应不少于 2 个重合点。

5.【B】一等及二等水准网测量的观测方法应符合下列规定：

往测　奇数站上：后—前—前—后；偶数站上：前—后—后—前。

反测　奇数站上：前—后—后—前；偶数站上：后—前—前—后。

6.【C】我国 1985 国家重力基本网的重力系统采用 IAG75 椭球常数及其相应正常重力场。

7.【D】大地水准面的特性：①封闭曲面；②高程起算面；③不规则；④处处与铅垂线垂直。

8.【C】两岸仪器视线距水面的高度应大致相等（测距三角高程法除外），当跨河视线长度小于 300m 时，视线高度应不低于 2m；大于 500m 时，应不低于 $4\sqrt{S}$m（S 为跨河视线长度千米数。水位受潮汐影响时，按最高潮位计算），当视线高度不能满足要求时，应埋设牢固的标尺桩，并建造稳固的观测台或标架。

9.【B】LCR 型重力仪观测中，读数轮转动一圈以上时必须先锁摆，禁止在松摆时挪动仪器。

10.【C】在相对重力测量过程中，在开摆 5min 后读取一组（三个）合格读数，并记录相应的观测时间，三个读数的互差不应超过 0.5 格。

11.【D】重力基准点观测墩标石应现场灌制，两个观测墩之间相距应大于 0.8m，以方便观测时操作。

12.【B】仪器脚架和尺台（尺桩）升降消除或减弱影响的措施：①应选择良好土质的路线作水准观测路线；②精密水准测量尽量用尺桩；③立尺轻拿轻放，仪器迁站时，原前视标尺应取下。应在立尺 20~30s 后进行观测；④相邻测站观测顺序相反；⑤安置脚架时，使其自然伸展，切忌强力扭转，观测员应绕单脚走动并应离脚架 0.5m 以外；⑥往返测应沿同一路线进行，并使用同一仪器和尺承。

13.【A】高斯-克吕格投影方式中位置的形变量最大的位于赤道和投影边缘经线交点处。

14.【B】海洋测量中，短期验潮站要求连续观测水位的天数最少为 30 天，长期验潮站最少为 2 年，临时验潮站最少为 3 天，定点验潮站最少为 15 天。

15.【C】工作水准点与主要水准点之间的高差，按四等水准测量要求，工作前后各测定 1 次。

16.【A】水深测量中计划线与主测线的布设方向应与水下地形梯度平行。

17.【B】水深测量中测点间隔一般为主测线间隔的 1/2，测点间隔为 50m，则计划线或主测线的布设间隔为 100m。

18.【C】一栋住宅建筑与地形的关系主要有三种不同方式：建筑与等高线平行，建筑与等高线垂直，建筑与等高线斜交。

19.【B】测图控制网平面精度的确定依据是测图比例尺。

20.【C】导线按布置形式可以分为闭合导线、附合导线、支导线。

21.【C】导线坐标增量闭合差的调整方法是将闭合差反符号后按边长成正比例分配。

22.【D】计算过程 1.234+(1.400−0.01/5×3)=2.628m。

23.【B】所有等高线平距相等且为直线的等高线表示的面是倾斜平面。

24.【D】地形图上陡坡的等高线是密集的。

25.【B】地面激光扫描适合测绘建筑物立面图。

26.【A】在矿山建设和隧道建设中，为了保证各项开挖面能正确贯通和符合设计要求，必须把地面控制网中的坐标、方向、高程传递到地下去，这些传递工作就叫联系测量。通过联系测量，使地下平面控制网和高程控制网与地面有统一的平面坐标和高程。

27.【C】按测站数计算每站高差改正数的公式为 $V_i=-f_h/N$（N 为测站数）。

28.【B】坡度计算过程 $i=h/d=1/20=0.05=5\%$。

29.【C】丘的编号从北至南、从西至东以反 S 形顺序编列。

30.【B】测量高层房屋外墙水平投影的测量方法宜采用全站仪极坐标法。

31.【A】在建筑物密集区，房产分幅平面图一般采用 1∶500 比例尺。

32.【B】由房产面积精度二级公式计算。

33.【C】地籍调查中，土地权属调查的基本单元是宗地。

34.【B】地籍测量中土地面积的量算以图幅面积为首级控制。

35.【C】地籍图精度要求相邻界址点间距、界址点与邻近地物点关系距离的中误差不得大于图上 0.3mm。

36.【B】地籍编号一般以县级行政区为单位，按街道、街坊、宗地三级编号。

37.【B】北方向的角度区间为 348°45′—11°15′。

38.【C】15 条边，对应的角度个数 $n=16$，经计算，方位角闭合差为±100″。

39.【B】《1∶500 1∶1 000 1∶2 000 地形图航空摄影规范》规定，同一条航线上相邻像片的航高差不应大于 20m。

40.【B】GPS 辅助空中三角测量最主要的作用是提供摄影瞬间航摄仪物镜中心的位置。

41.【A】侧视雷达图像的几何特征有：①垂直飞行方向（y）的比例尺由小变大；②山体前倾，朝向传感器的山坡影像被压缩，而背向传感器的山坡被拉长，与中心投影相反，还会出现不同地物点重影现象；③高差产生的投影差亦与中心投影影像投影差位移的方向相反，位移量也不同。

42.【A】控制点的表示：P 代表平面点，G 代表高程点，N 代表平高点，V 代表等外水准点。

43.【C】监督分类一般包括类别定义与特征判别、训练样本选择、分类器选择与优化、影像分类、分类后处理、结果验证等 6 个步骤。

44.【C】检定场应设置 2 条连续对向飞行航线，每条航线不宜少于 10 像对。

45.【C】ADS80 影像传感器是三线阵 CCD 推扫式成像传感器。

46.【A】航片编号方法为：①航片编号由 12 位数字构成，采用以航线为单位的流水编号。航片编号自左至右 1~4 位为摄区代号，5~6 位为分区号，7~9 位为航线号，10~12 位为航片流水号。②一般以飞行方向为编号的增长方向。③同一航线内的航片编号不允许重复。④当有补飞航线时，补飞航线的航片流水号在原流水号基础上加 500。

47.【A】DOM 的分辨率一般不应大于 0.000 1 倍成图比例尺分母(以 m 为单位)。

48.【C】DEM 格网尺寸依比例尺选择，一般 1∶500~1∶2 000 的格网尺寸不应大于 0.001 倍成图比例尺分母(以 m 为单位)。

49.【D】DLG 生产中，图形编辑应以外业调绘与补测成果为依据。

50.【C】地形起伏引起的像点位移的规律：①地面起伏所产生的投影误差在像点与像底点的连线上；②投影误差与像点到像底点的距离成正比；③像底点不产生投影误差；④地面高低起伏越大，投影误差越大；⑤航高越大，投影误差越小。

51.【D】《数字航空摄影测量 空中三角测量规范》规定，数码航摄仪获取的彩色影像辐射分辨率不应小于 12bit。

52.【B】像元大小决定了数字航摄仪获取影像的几何分辨率，像元小则分辨率高。

53.【C】①等比线上的像点无倾斜误差；②对于辐射距相等的各个像点，当像点位于主纵线上，倾斜误差最大；③等比线以上(含像主点 O 部分)，其倾斜误差为负值；等比线以下(含像底点 N 部分)，其倾斜误差为正值；④倾斜误差分布在以等角点 C 为顶点的辐射线上，与辐射距成正比。

54.【D】遥感数字图像数据的存储和记录格式有 BSQ、BIL、BIP、HDF 格式。

55.【B】假彩色合成图像是遥感中最常见的图像，广泛应用于农、林、植被资源和植物病虫害调查，以及地质、地理水文、海洋、环境监测等领域。

56.【C】数码摄影仪获取的影像连接点上下视差中误差为 1/3 个像素。

57.【A】“风玫瑰”是定位图表法中用来表示专题地图内容的符号。

58.【C】在两极地区，适宜用正轴方位投影，在赤道附近地区，适宜用横轴方位投影，其他地区用斜轴方位投影。

59.【D】方位投影的等变形线都是以投影中心为圆心的同心圆，所不同的是在横轴和斜轴方位投影中，主方向和等高圈、垂直圈一致，而经纬线方向不是主方向。

60.【A】制图区域空间特征对地图投影的影响，是针对主区范围而言，不同的主区范围其形状、大小和位置有所不同，选择投影也不同。设计中国全图时，若南海诸岛作为附图，可选择等角正圆锥投影；若南海诸岛不作为附图，则可选择等角斜方位投影、伪方位投影；南海海域单独成图时，可采用正轴圆柱投影。

61.【A】开本的大小主要取决于地图集的用途，也与制图区域的大小和内容的复杂程度有关。

62.【A】时令河用蓝色虚线表示，消失河流用蓝色点线表示，干河床用棕色虚线符号表示。

63.【D】地图按照内容可以划分为普通地图和专题地图。

64.【D】地图的可量测性主要通过地图的数学基础来实现。

65.【C】保证制图区域的地理特征是地图制图综合的基本原则。

66.【C】要保证 GIS 数据的现势性必须进行数据更新。

67.【A】获取 DLG 数据最有效的方法是数字摄影测量方法。

68.【A】空间数据库所具有的特点有：①数据量庞大；②具有高可访问性；③空间数据模型复杂；④属性数据和空间数据联合管理；⑤空间实体的属性数据和空间数据可随时间而发生相应变化；⑥空间数据的数据项长度可变，包含一个或多个对象，需要嵌套记录；⑦一种地物类型对应一个属性数据表文件，多种地物类型共用一个属性数据表文件；⑧一种地物类型对应一个属性数据表文件，多种地物类型共用一个属性数据表文件；⑨应用范围广泛。

69.【C】从功能上看，GIS 有别于其他信息系统、CAD 的地方是 GIS 具有空间分析功能。

70.【A】直接编码法是占据存储空间最大的栅格数据编码方法。

71.【C】根据图所示，若该栅格单元代码为 C，说明采用了中心归属法；若该栅格单元代码为 B，说明利用了面积占优法；若该栅格单元代码为 D，说明利用了重要性法。

72.【D】质心量测经常用于宏观经济分析和市场区位选择，还可以跟踪某些地理分布的变化，如人口变迁、土地类型变化等。

73.【C】应用功能开发方案设计属于项目经理或开发人员的任务。

74.【A】因为矢量数据有方向、坐标，在交通网络分析使用中较为方便。

75.【C】空间集合分析主要完成逻辑运算。

76.【A】数据库系统建设的工作流程是数据库系统设计、数据建库、数据库系统集成、数据库测试验收、运行维护。

77.【C】GIS 组织属性数据时，应用较多的数据库模型是关系模型。

78.【B】国际上通用的道路功能等级分为 5 级。

79.【A】导航电子地图数据中，利用道路的功能等级属性可以优化路径计算，同时在不同的比例尺下可以根据其进行道路网的显示。

80.【C】网络地理信息服务各节点内部的数据存储管理区主要部署数据库服务器。

二、多项选择题

81.【ADE】长度单位为 m，并且是在广义相对论框架下的定义；Z 轴是由地心指向 BIH1984.0 定义的协议地球极(CTP)。

82.【BDE】GPS 网基线精处理结果质量检核包括：①精处理后基线分量及边长的重复性；②各时

间段较差；③独立环闭合差或附合路线的坐标闭合差。

83.【ACD】进行三等水准测量外业高差改正数计算中要做标尺长度改正、正常水准面不平行改正、路线闭合差改正计算。

84.【ABCD】使用测深仪测深，应测定仪器的总改正数。总改正数为各项改正数的代数和，包括声速改正、转速改正、吃水改正、换能器基线改正。

85.【ABC】验收测量主要工作内容包括建筑物外部轮廓线的测量、主要角点距四至的距离测量、建筑物的高度测量等。

86.【DE】电磁波测距三角高程测量，数据处理应注意进行直返觇的高差地球曲率改正和大气折光差改正。

87.【BCD】线路初测是线路初步设计的基础和依据，其外业工作包括线路平面控制测量、线路高程测量、地形测量。

88.【ABD】采用盘左和盘右观测取平均数的方法，可消除照准部偏心误差、视准轴不垂直于横轴、横轴不垂直于竖轴的残余误差。但竖轴倾斜误差不能采用此法消除。竖直角观测时采用此法可消除指标差的影响。又如在短边上的端点观测角度时要特别注意对中，照准目标时要尽量瞄准目标的底部，因为它们对测角的影响与距离成正比。

89.【ABD】成套房屋的套内建筑面积包括套内使用面积、套内墙体面积、套内阳台面积。

90.【ACE】地籍图的内容包括行政区划要素、地籍要素、地形要素、数学要素和图廓要素。地籍图上不注记行政区代码和邮政代码；图斑界线、地类代码属于地籍要素；道路和水域属于地形要素。地籍图上不表示房屋面积。

91.【ACDE】界线测绘成果应归档管理的内容包括勘界协议书、备案材料、批准文件、工作图、界线标志记录及其他与勘界记录有关的材料等。

92.【ABCD】空中三角测量内定向中，像点量测坐标要考虑像主点位置、航摄仪物镜畸变、大气折光、地球曲率等系统误差的影响。

93.【ABC】航线弯曲度、航高保持、像片重叠度属于飞行质量检查内容。

94.【ABC】机载 POS 的数据后处理软件通过处理 POS 在飞行中获得的 IMU 原始数据、GNSS 原始数据、GNSS 基准站数据计算得到最优的组合导航解。

95.【ACE】框幅式数字航摄仪获取的影像需使用焦距、像素大小、像素行数与列数、像素值参考位置等航摄仪鉴定资料。

96.【ABE】地图编绘中大比例尺地图上的数学要素有控制点、坐标网、比例尺。

97.【BCD】道路的图形概括方法主要有共线、删除、缩小符号、夸大等方法。

98.【ABC】空间数据质量控制内容主要有空间位置精度、属性数据的质量控制、空间关系的质量控制。

99.【ACE】《导航电子地图安全处理基本技术要求》规定，重力数据、通信线、管道属于既不能采集也不能显示的空间地理信息。

100.【ACDE】面向服务的架构(SOA)具有的特点包括可重用、松耦合、标准接口、独立服务、基于开放标准。

仿真试卷十一参考答案及解析

一、单项选择题

1.【A】大地水准面包围的球体称为大地球体，大地球体的长半轴为6 378. 245km，短半轴为6 356. 863km。

2.【A】线性测量仪器静态响应特性($y=Kx$)的漂移，表现为零点和斜率随时间的缓慢变化，称为仪器的零漂。重力联测观测过程中仪器停放超过2小时，则在停放点应重复观测，以消除静态零漂。

3.【A】5个子午椭圆的几何常数(长半轴、短半轴、扁率、第一偏心率、第二偏心率)，它是确定旋转椭球的形状和大小的基本元素，用两个几何元素即可确定椭球的形状和大小，但至少有一个是长度元素。

4.【C】2000年国家大地坐标系的长半轴是6 378 137m。

5.【A】对于D级GNSS网的高程联测可依具体情况而定。

6.【D】直接坐标法直接用了坐标，不需要计算距离、角度、高差等放样元素。

7.【B】基准站GNSS天线应固紧于观测墩的强制对中标志上，天线定向指北标志与磁北方向差异应小于5°。

8.【D】水准面是重力位相等的封闭曲面。

9.【B】椭球面上 E 点到 F 点的大地方位角是过 E 点的子午线与 E、F 两点之间大地线之间的夹角。

10.【D】对重力仪比例因子的标定，两基本点用飞机联测时，每台仪器应测定两个往返的独立结果，两个结果之差不应大于 $40\times10^{-8}ms^{-2}$。

11.【C】进行相对重力仪性能的动态试验，对于同一台仪器，如果每一测段的段差观测值的互差均不大于一台仪器的动态观测精度的2. 5倍，可认为该仪器的零漂是线性的。

12.【C】各等级重力点都必须测定平面坐标和高程，平面坐标和高程的测定中误差不应超过1. 0m。

13.【B】根据 $\alpha_{前}=\alpha_{后}\pm180°\pm\beta_{右}^{左}$，计算得 $\alpha_{CD}=15°30'30''$。

14.【B】水深测量中，定位点的点位中误差：大于1∶5 000比例尺测图时应不大于图上1. 5mm，小于(含)1∶5 000大于(含)1∶100 000比例尺测图时应不大于图上1. 0mm，小于1∶100 000比例尺测图时应不大于实地100m。

15.【D】格网绘制的准确性以其交点的直角坐标来检查，其坐标位移误差不大于图上 0.6mm。等角和等距格网，每幅图不少于 5 个检查点；双曲线格网，每幅图不应少于 8 个检查点。检查点要均匀分布。

16.【D】《海洋工程地形测量规范》规定，视测区大小和高程起伏，一般应联测至少 4 个或不少于 1/5 GNSS 点总数的高等级已知高程控制点；在高程起伏时应增加联测点数，联测点应均匀控制整个测区。

17.【C】大于 1：5 000 比例尺的海岸地形图，最低平面控制基础为国家四等点。

18.【A】可用于高层建筑物铅垂线放样的方法有激光铅垂仪法、光学铅垂仪法、全站仪弯管目镜法等，引张线法主要用于测定水平位移的偏移量。

19.【A】新建立的场区平面控制网，宜布设为自由网；场区高程控制网应布设成闭合环线、附合路线或结点网。

20.【B】圆曲线的主要点有直圆点、曲中点、圆直点。

21.【A】立面测量属于建筑工程竣工阶段测量工作。

22.【C】GNSS-RTK 方法直接测定图根点的坐标，其作业半径不宜超过 5km。

23.【B】城镇定线与拨地测量中用于展绘的基础图比例尺宜采用 1：500~1：2000。

24.【D】1mm 级测距仪的说法是指该仪器测距长度为 1km 时，由电磁波测距仪器的标称精度公式计算的测距中误差为 1mm。

25.【C】坐标增量闭合差按反符号比例分配。

26.【B】隧道洞内平面控制测量一般采用中线法和导线法。

27.【B】超高层建筑物施工测量进行建筑物主体日周期摆动测量的目的是测定建筑物轴线因日照产生的摆动，进行投点改正。

28.【B】根据“忽略不计原则”，若某项误差由 m_1 和 m_2 两部分组成，即，其中 m_2 影响较小，当 m_2 小到约等于 1/3 倍的 m_1 时，可把 m_2 视为忽略不计。

29.【C】立交桥工程具有线形结构复杂、施工精度高的特点。为施工方便，一般选择独立坐标系统，并将原点选在工地以外的西南角上。

30.【B】陀螺经纬仪能够自动寻找真北方向。

31.【C】建筑物各施工层的标高是由底层±0 标高传递。

32.【C】建立桥梁施工控制网时，控制网的坐标轴线方向应该与桥梁主轴线方向一致。

33.【D】陀螺经纬仪是一种将陀螺仪和经纬仪结合在一起的仪器，它可以用来测定大地方位角。

34.【B】当坝轴线两端点在地面标定以后，都必须将坝轴线延伸到两岸的山坡上，各埋设 1~2 个永久性标志，目的是检查端点的位置变化。

35.【A】线路复测的目的是恢复定测桩点和检查定测质量。当复测和定测成果相比较的误差在允许范围之内，则以定测成果为准。

36.【B】对于较大规模的工业与民用建筑，需要布设建筑方格网。其测设步骤分为测设主轴线、测设辅轴线、测设方格网点三步。

37.【B】地下导线角度测量时，应该特别注意仪器对中。

38.【A】在变形测量数据处理和分析的基础上，对变形体进行合理的几何分析和物理解释。

39.【A】采用已有坐标或已有图件，展绘成房产分幅图时，展绘中误差不超过图上±0.1mm。

40.【D】下列土地不计入用地面积：①无明确使用权属的冷巷、巷道或间隙地；②市政管辖的道路、街道、巷道等公共用地；③公共使用的河涌、水沟、排污沟；④已征用、划拨或者属于原房地产证记载范围，经规划部门核定需要作市政建设的用地；⑤其他按规定不计入用地的面积。

41.【B】亭以柱外围为准；塔、烟囱、罐以底部外围轮廓为准；消火栓、碑不测其外围轮廓，以符号中心定位。

42.【B】①总套内面积 = 1 388.039 − 159.769 = 1 228.27m²；②分摊系数 = 159.769÷1 228.27 = 0.130 076 4；③分摊面积 = 61.465×0.130 076 4 = 7.995m²。

43.【B】摄影测量方法主要用于大面积地籍测量。

44.【D】水体由于红外辐射很弱，所以它在 MSS7 波段上的影像呈现深色调，而在 MSS4 波段和 MSS5 波段上色调就相对较浅，而植被在 MSS7 波段有强烈的反射峰值，其色调呈现白色。

45.【B】①分摊基底面积（建筑占地面积）的计算方法：分摊基底面积 =（本幢基底面积/本幢建筑面积）×权利人建筑面积；②分摊公用面积 = [（共有使用权面积 − 宗地总基底面积）/宗地总建筑面积]×权利人建筑面积；③当共有使用权利中部分权利人拥有自购车库花园时，计算公用分摊面积时：分摊公用面积 = [（共有使用权面积 − 宗地总基底面积 − 自购车库花园总面积）/宗地总建筑面积]×权利人建筑面积。

46.【C】用 G、J、Z 表示，“G”表示国家土地所有权，“J”表示集体土地所有权，“Z”表示土地所有权争议；第二位表示宗地特征码，用 A、B、S、X、C、W、Y 表示，“A”表示集体土地所有权宗地，“B”表示建设用地使用权宗地（地表），“S”表示建设用地使用权宗地（地上），“X”表示建设用地使用权宗地（地下），“C”表示宅基地使用权宗地，“W”表示使用权未确定或有争议的土地，“Y”表示其他土地使用权宗地，用于宗地特征扩展。

47.【B】当采用实地量距法量算土地面积时，面积中误差的公式为：

$$M_p = \pm(0.04\sqrt{p} + 0.003p)$$

48.【D】地籍图的精度要求地物点点位中误差的绝对值不应大于图上 0.5mm。

49.【C】边界线的划定情况及其历史沿革等情况，一般以文字形式描述。

50.【D】边界线走向说明是边界协议书的核心内容。

51.【A】侧视雷达的分辨率可分为：距离分辨率（垂直于飞行的方向）和方位分辨率（平行于飞行的方向）。

52.【D】空中三角测量，内定向应采用仿射变换进行框标坐标计算。

53.【B】HSI 色彩空间是从人的视觉系统出发，用色调（Hue）、色饱和度（Saturation）和亮度（Intensity）来描述色彩。

54.【D】无人机航摄对飞行平台的性能指标要求中，实用升限高于海拔 3 000m。

55.【A】航片编号自左至右为摄区代码—分区号—航线号—航片流水号。

56.【C】农村土地利用现状调查，采用优于 1m 分辨率覆盖全国的遥感影像资料；城镇内部土地利用现状调查，采用优于 0.2m 分辨率的航空遥感影像资料。

57.【D】一个立体像对由 2 张航片构成，一张航摄像片有 6 个外方位元素，所以一个立体像对共有 12 个外方位元素。

58.【C】1∶1 000 数字栅格地图图面分辨率不低于 12 点/mm。

59.【B】规则格网的数字高程模型是一个二维数字矩阵，矩阵元素表示地面点的高程；矩阵的行列号表示地面点的坐标。

60.【D】数字航空影像是一个二维数字矩阵，将像点的扫描坐标转换为像平面坐标的过程，称为数字影像内定向。

61.【A】由于像片倾斜而引起的某地面点在该像片上的构像相对于同摄站、同主距的水平像片上的构像所产生的一段位移，称为倾斜误差。

62.【A】航片上的投影差是由地形起伏引起的像点位移。

63.【A】遥感传感器瞬时视场内观测到的地面范围称传感器的空间分辨率。

64.【D】遥感调查工作底图由正射影像图和图廓整饰信息、行政界线、地名以及其他专题信息组成。

65.【C】AI 矢量绘图工具（Adobe Illustrator）是一种应用于出版、多媒体和在线图的工具。.CDR 和 .DXF 为矢量数据格式，而 .PSD 为栅格数据格式。

66.【A】过地面上任意一点，指向北极的方向叫真北方向，对一幅图，通常把中央经线的北方向作为真北方向。

67.【D】制图综合物体选取应遵循从主要到次要、从大到小、从高等级到低等级的原则。

68.【C】在高斯-克吕格投影中，符合地图主比例尺的是中央经线。

69.【A】地质图属于自然地图。

70.【C】现行国家基本比例尺地形图分幅和编号均以 1∶100 万比例尺地形图为基础，采用行列编号法，分别由其所在 1∶100 万比例尺地形图的图号、比例尺代码、图幅行列号共 10 位码组成。

71.【A】范围法表示是各自独立的间断成片现象，只有动物分布是间断的现象。

72.【C】1∶5 万地形图的图幅经纬差是 15′×10′。

73.【B】分级统计图表法是以一定行政区域为单位，以图表形式表示制图现象数量及其结构的方法。

74.【D】《城市基础地理信息系统技术规范》规定，城市 DRG 数据的图像分辨率不得小于 300dpi。

75.【A】1∶5 000 地形图是采用高斯投影 3°带。

76.【A】在城市地理信息系统的数据库设计阶段，对于确定的数据模型，应用 E-R 图定义实体之间的关系。

77.【C】普通地图包含地形图和地理图。地形图是着重表示地形的普通地图。它的特点是：①具有统一的数学基础。各国的地形图除了选用一种椭球体数据作为推算地形图数学基础的依据外，还有统一的地图投影，统一的大地坐标系统和高程系统，有完整的比例尺系统、统一的分幅和编号系统。②按照国家统一的测量和编绘规范完成，即精度、制图综合原则、等高距、图式符号和整饰规格等都有统一的要求。③几何精度高、内容详细。普通地理图是普通地图中除地形图以外的地图，亦称一览图或参考图。它的特点是：①数学基础因制图区域的不同而异，具体表现在比例尺灵活，地图投影多样，图廓范围大小不同；②内容和表示方法因用途而异，具体表现在地图内容灵活，表示方法和图式符号不统一，而且重视反映区域地理特征。

78.【A】进行 GIS 设计时，当用户对新系统的功能需求十分明确，系统设计可直接采用结构化生命周期法。

79.【B】《车载导航地理数据采集处理技术规程》规定。城市区域交通网络中要素的最大误差为 15m，非城市区域交通网络中要素的最大误差为 30m。

80.【C】地图瓦片数据的组织方式，即采用数据集、层、行目录结构描述。

二、多项选择题

81.【BCDE】大地水准面的特性：①大地水准面是描述地球形状的一个重要物理参考面。②大地水准面是重力等位面，即物体沿该面运动时，重力不做功。③大地水准面是一个连续（光滑）封闭的几何曲面，略有起伏的不规则曲面。④大地水准面只有一个，是唯一的。

82.【BD】水准测量的精度可以用每千米高差中数的偶然中误差或每千米高差中数的全中误差来评定。

83.【ABCE】国家重力基准点的点位应满足建在基岩上、远离铁路公路、远离变电站、远离大型矿场等。

84.【ACDE】海岸带水下地形测量中，视设备和工作海区的情况，可选用的定位方法有 GNSS 定位系统、微波测距定位系统、经纬仪前方交会法、测距仪与经纬仪的极坐标法等。

85.【BCD】为了提高隧道工程横向贯通测量的精度，可以采取的措施主要有加测陀螺定向边、尽可能增大导线边长、采用三联脚架法测量。

86.【BCD】洞内外联系测量的主要形式有导线测量、交会测量、水准测量。

87.【ACDE】竖井联系测量的平面控制，宜采用光学投点法、激光准直投点法、陀螺经纬仪定向法或联系三角形法；对于开口较大、分层支护开挖的较浅竖井，也可采用导线法（或称竖直导线法）。竖井联系测量的高程控制，宜采用悬挂钢尺或钢丝导入的水准测量方法。

88.【ABC】高层建筑轴线投测可以采用的方法有全站仪法或经纬仪法、激光经纬仪法；垂准仪法和激光垂准仪法；吊坠线法。

89.【ABC】房产调查中，房屋墙体归属是房屋四面墙体所有权的归属，分别有自有墙、共有墙、借墙。

90.【ABD】宗地图是描述宗地位置、界址点线、相邻宗地关系的图件。

91.【ACE】界桩登记表中的界桩位置略图应标绘出边界线、界桩点、界桩方位物、边界线周边地形等。

92.【ABCE】空中三角测量的技术设计中，应包含的技术设计要求有采用的系统、选点规则和数量、平差方法、精度指标。

93.【ACD】野外像片控制点的施测对于高程控制点应选择在地势平缓的线状地物的交会处、地角、圆山顶及鞍部处的目标上。而尖山顶和地角不宜作为像控高程控制点目标。

94.【ABDE】数字摄影测量数据处理中，在影像旋转、核线重排、DOM 生成情况下需要进行影像的重采样，其中数字微分纠正即生产 DOM。

95.【ACE】在制图综合中要正确处理居民地与道路、河流的相接、相离、相切的关系。

96.【ABD】“定点符号法”是指采用不同的颜色、大小、形状的符号，表示各自独立的各个物体的数量与质量特征的方法。

97.【ABC】C/S 结构的特点有：服务器集中管理数据源，接收客户机请求，并将查询结果发送给客户机；客户机具有自主的控制能力和计算能力，向服务器发送请求，接收结果；网络上流动的仅仅是请求信息和结果信息，流量大大降低了。

98.【BCD】《车载导航电子地图产品规范》规定，车载导航电子地图应按地图显示级别显示不同详细程度的要素内容，大于 1：25 000 比例尺的电子地图至少应显示的背景信息有铁路、水系、绿地。

99.【ACE】在线地理信息数据的数据源主要由矢量数据、影像数据、模型数据、地理监测数据、实时传感数据等组成。

100.【BDE】网络地理信息服务在地名、地址数据生产过程中，需要特别注意数据组织、数据建模、属性赋值等内容。

仿真试卷十二参考答案及解析

一、单项选择题

1.【B】进行一、二等水准测量时，一般地区水准标石埋设后，应经过 1 个雨季方可进行水准测量。

2.【C】GNSS 网选站址点位应避开多路径影响，50m 以内的各种固定反射物应标注在点之记环视图上。

3.【D】子午线收敛角是地球椭球体面上一点的真子午线与位于此点所在的投影带的中央子午线之间的夹角。即在高斯平面上的真子午线与坐标纵线的夹角，通常用 γ 表示。

4.【B】在角度测量中，盘左盘右观测可以减弱或消除度盘偏心误差、视准轴误差、横轴误差对角度观测的影响。

5.【A】在同精度观测时，观测值代数和的中误差，与观测值的个数 n 的平方根成正比。

6.【C】精密水准测量中测站数应设为偶数，往测转向返测时，互换两支标尺的位置，目的是消除两水准标尺零点差。

7.【D】国家级似大地水准面精化时，所利用的数字高程模型的分辨率不应低于 30″×30″。

8.【B】区域似大地水准面精化实施过程中不需要进行垂直测量。

9.【D】导线测量垂直角观测时，各等级导线点每一方向按中丝法观测应观测 6 测回。

10.【D】大气垂直折光主要影响垂直角测量精度。

11.【D】由于波道曲率改正值很小，通常在 15km 以内的边长，不考虑此项改正。

12.【C】需要准备的资料：①基准站观测数据及质量评价；②原始数据格式转换；③测站信息文件；④卫星星历；⑤极移、章动、岁差太阳月亮星历等。

13.【A】解法一：设 AP 段长度为 x_1，BP 段长度为 x_2；则 $x_1+x_2=16$，

$$H_P=\frac{H_A+h_1+H_B-h_2}{2}=\frac{H_A+H_B}{2}+\frac{h_1-h_2}{2},$$

则 $\sigma_p=\frac{1}{2}\sqrt{\sigma_1^2+\sigma_2^2}$，$\sigma_1^2=x_1\sigma_0^2$，$\sigma_2^2=x_2\sigma_0^2$，

则 $\sigma_P=\frac{1}{2}\sigma_0\sqrt{x_1+x_2}=2\sigma_0\leqslant 10$，则 $\sigma_0\leqslant 5$。

解法二：最弱点高程中误差的公式为：

$m_h = M_W\sqrt{\frac{L}{2}}\frac{1}{\sqrt{2}} = \frac{M_W}{2}\sqrt{L}$，代入数据，亦可计算得 $m \leqslant 5$。

式中：L 为经过最弱点的附合路线长度，M_W 为高程全中误差。

14.【C】海图上表示的方位系观测者由海上观测目标的真方位角。

15.【D】回声测深仪，深度测量极限误差(置信度 95%)的规定如表 16 所示。

表 16　**深度测量极限误差(置信度 95%)**　单位：m

测深范围 Z	极限误差
$0<Z\leqslant 20$	±0.3
$20<Z\leqslant 30$	±0.4
$30<Z\leqslant 50$	±0.5
$50<Z\leqslant 100$	±1.0
$Z>100$	$\pm Z\times 2\%$

16.【B】海控二级点相对于起算点的点位中误差为±50cm。

17.【B】航海图的投影选择，1∶2 万及更大比例尺的图，必要时可采用高斯-克吕格投影。

18.【A】斜井或平峒开拓的矿山，一般采用导线测量方法将地面平面坐标系统传递到井下。

19.【D】隐蔽管线点探查的水平位置偏差 ΔS 和埋深较差 ΔH，应分别满足：

$$\Delta S \leqslant 0.10 \times h$$

$$\Delta H \leqslant 0.15 \times h$$

式中：h 为管线埋深(cm)，当 $h<100$cm 时，按 100cm 计。

20.【A】点云数据可采用 LAS 格式、ASCII 码格式或其他格式存储。

21.【D】建筑竣工测量工作的内容主要有平面位置测量、高程及高度测量、四至关系测量。

22.【C】变形监测网的精度应根据变形体的允许变形值来确定。

23.【D】在工程建设和运营阶段，建立的工程控制网是变形监测网。

24.【A】$i=h/L$，计算得 $L=20$m，比例尺 1∶2 000，可知为图上 10mm。

25.【D】《工程测量标准》规定，当作业困难、水深大于 20m 或工程精度要求不高时，水域测图可放宽 1 倍。

26.【D】在定线、拨地测量过程中，应进行校核测量。校核测量的内容包括控制点校核、图形校核和坐标校核。

27.【B】图根平面控制和高程控制测量，可同时进行，也可分别施测。图根点相对于邻近等级控制点的点位中误差不应大于图上 0.1mm，高程中误差不应大于基本等高距的 1/10。

28.【A】对大坝和桥梁水平位移、地面沉降进行监测，最适宜选择 GPS 测量方法。

29.【B】解析：住宅楼的共有建筑面积以幢为单元进行分摊。

30.【A】图上量算面积，可选用求积仪法、几何图形法等。图上面积测算均应独立进行两次。两次量算面积较差不得超过下式规定：

$$\Delta S = \pm 0.0003M\sqrt{S}$$

式中：ΔS——两次量算面积较差，单位为 m^2；

S——所量算面积，单位为 m^2；

M——图的比例尺分母。

使用图解法量算面积时，图形面积不应小于 $5cm^2$。图上量距应量至 0.2mm。

31.【A】层高小于 2.2m 的地下室和半地下室不计算建筑面积。

32.【C】点的完整编号由编号区代码、点的类别代码、点号三部分组成；编号区代码由 9 位数组成，第 1 位、第 2 位数为高斯坐标投影带的带号或代号，第 3 位数为横坐标的百公里数，第 4 位、第 5 位数为纵坐标的千公里数和百公里数，第 6 位、第 7 位和第 8 位、第 9 位数分别为横坐标和纵坐标的十公里数和整公里数。类别代码用 1 位数表示，其中：3 表示界址点。点的编号用 5 位数表示，从 1~99999 连续顺编。

33.【B】《农村土地承包经营权确权登记数据库规范》，确权登记数据库主要包括用于农村土地承包经营权调查、确权登记的地理信息数据和权属数据。①地理信息数据包括基础地理信息要素、农村土地权属要素和栅格数据。基础地理信息要素包括定位基础、境界与管辖区域以及对承包地块四至描述有重要意义的其他地物信息。农村土地权属要素指用于描述承包地块空间位置、坐落(四至)、面积、编码和毗邻关系的矢量信息。栅格数据指用于描述承包地块及其空间分布、方位、毗邻关系等信息的栅格图件。②权属数据包括发包方、承包方、承包地块信息、权属来源、承包经营权登记簿、承包经营权证等。

34.【D】邻近地物点间距中误差的绝对值不应大于图上 0.4mm，较差允许误差的绝对值不应大于 2 倍中误差的绝对值，在丘陵、山区的中误差可按上述规定放宽 1 倍。

35.【C】日常地籍调查的主要工作包括准备工作、日常土地权属调查、日常地籍测量、成果资料的检查、整理、变更与归档等工作。

36.【D】地籍数据库包括地籍区、地籍子区、土地权属、土地利用数据、基础地理数据等。

37.【D】界址点的精度以中误差来评定。界址点平面中误差一般不应大于相应比例尺地形图上±0.1mm。

38.【A】解析：边界调查内容包括实地调查、绘制边界情况图、编写边界情况说明与绘制主张线图等。

39.【D】单立界桩的类型码用 Q 表示。

40.【D】航空摄影时，为了防止影像模糊，航摄仪应加装影像位移补偿装置。

41.【B】机载激光雷达在航空平台上，集成激光雷达、定位定姿系统(POS)、数码相机和控制系统所构成的综合系统。

42.【A】对数字航空摄影机进行检校的主要目的之一是精确获得摄影机内方位元素值及 CCD 面阵坏点。

43.【B】在丘陵地和小城镇进行航空摄影时，太阳高度角应大于 30°。

44.【C】沙漠、戈壁滩等地面反光强烈的地区，一般在当地正午前后各 2h 内不应摄影。

45.【A】雨后绿色植被表面水滴未干时不应进行彩红外摄影。

46.【C】在一条航线上达到或接近最大旋偏角的像片数不应超过三片，且不应连续；在一个摄区内出现最大旋偏角的像片数不应超过摄区像片总数的4%。

47.【D】解析：GNSS 辅助空中三角测量的最主要作用是提供瞬时航摄中心位置。

48.【A】数字正射影像图的地面分辨率在一般情况下不应大于0.0001m(制图比例尺)图。

49.【A】全野外布点方案是指通过野外控制测量获得的像片控制不需要内业加密，直接提供内业测图定向或纠正使用。

50.【A】正轴圆柱投影的经纬线表现为相互正交的平行直线，其变形规律与圆锥投影相同。

51.【A】地图印刷成图质量要求包括：①印刷品墨色网点；②各色套印误差；③印刷品外观。

52.【B】地图设计中，制图分析的目的是为设计合适的地图编绘提供帮助。

53.【D】图形形状简化的基本要求是：①保持轮廓图形和弯曲形状的基本特征；②保持弯曲转折点的相对精确度；③保持不同地段弯曲程度对比。

54.【B】对于建筑密集街区，进行形状概括的原则是合并为主、删除为辅。

55.【D】地图注记的排列方式可分为：①水平字列，又称"横字列"，注记文字的中心连线与上下图廓线平行。②垂直字列，又称"竖字列"，注记文字的中心连线与上下图廓相垂直。③雁行字列，又称"斜字列"，注记文字的中心连线为直线并与上下图廓斜交，交角小于45°时，文字由左向右排列，大于45°时，文字从上到下排列。④屈曲字列，又称"曲线字列"，注记文字的中心连线呈曲线，注记排列随所注地物分布而定。

56.【C】渠道形状概括时，其制图综合主要是图形化简。

57.【C】山区公路的"之"字形弯曲，为了保持其形状特征又不过多地使道路移位，可采用共线或局部缩小符号的方法作特殊处理。

58.【D】地图图幅设计不属于专题地图数学基础设计内容。

59.【A】白盒测试是测试程序内部逻辑结构，黑盒测试只依据程序的需求规格说明书，检查程序的功能是否符合它的功能说明。从程序内部的逻辑结构对系统进行测试才是测试的根本，更容易发现和解决程序中的问题，因此单元测试时应该以白盒测试为主，而以黑盒测试为辅。

60.【A】需求规格说明书是在系统分析的基础上自顶而下的任务模型。

61.【D】数据库的信息结构分析不属于数据库设计需求分析。

62.【A】GIS 数据库概念设计步骤包括实体的提取、确定各实体属性、定义实体间的关系、绘制 E-R 图、合并 E-R 图并优化等。

63.【C】C/S 模式特点有网络流量小、便于数据录入、存储速度快和交互性强的特点。

64.【B】表中一列称为一个字段，字段可以包括各种字符、数字，也可包含图形。

65.【C】数据库中各种数据属性与组成的数据集合称为数据字典。

66.【C】GIS 系统测试过程为单元测试、集成测试、确认测试。

67.【D】一定程度上为空间数据的质量提供了保障。

68.【C】在 GIS 开发设计过程中，数据库的建立是在系统实施阶段完成的。

69.【D】用户界面设计的三大原则是：置界面用户的控制之下；减少用户的记忆负担；保持界面的一致性。

70.【D】界面设计从流程上分为结构设计、交互设计和视觉设计。

71.【D】属性数据通常是以特征码形式表现的。所谓特征码即为根据地图要素的类别、级别等分类特征和其他质量特征进行定义的数字编码。

72.【B】设计系统的体系结构，内容包括系统构建的关键技术，数据及数据体系结构设计，接口设计，模块体系设计，系统组网及安全性设计等。

73.【D】目前，地图数字化采用较多的方法是屏幕矢量化。

74.【A】道路功能等级采用 RGB 的紫色、红色、绿色、橙色、棕色和灰色分别对应表示一级至六级功能道路等级。

75.【B】铁路数据属于背景数据。

76.【C】国界和国内各级行政区域界线不允许采集。

77.【C】解析：使用编汇语言编程不属于导航电子地图保密处理的内容。

78.【A】网络地图服务系统的"公共服务平台"总体架构，主要由运行支持层、数据层、服务层组成。

79.【A】对于涉密广域网环境中的网络地理信息服务，需从物理、网络、主机、存储介质、应用、数据 6 个层面建立安全保密防护系统。

80.【D】地名地址信息以地理位置标识点来表达，可以利用该标识点实现相应地理实体的空间定位。

二、多项选择题

81.【ABD】《大地测量控制点坐标转换技术规程》规定，GNSS 连续运行基准站点获得 2000 国家大地坐标系的坐标成果，一般需要经过历元归算、板块运动改正、框架转换过程。

82.【ABCE】全球卫星导航定位连续运行基准站设备组成部分包括 GNSS 接收机、GNSS 接收机天线、气象设备、电源设备等。

83.【ABDE】2000 国家大地坐标系采用的地球椭球参数主要有椭球长半轴、椭球扁率、地心引力常数、地球自转角速度。

84.【AB】《海道测量规范》规定，当相邻两验潮站的控制范围互不重叠时，两验潮站的瞬时水深可采取直线分带法、时差法进行水深改正。

85.【ABCE】工业设备形变检测的常用方法有近景摄影测量、电子经纬仪前方交会、激光准直测量、全站仪基于极坐标的三维坐标测量。

86.【ACD】线路竣工测量的主要工作内容有中线测量、高程测量、横断面测量。

87.【ABCD】规划验收测量对建筑物高度进行测量的内容有建筑物高度、室内(外)地坪高程、层数。

88.【ACE】《房产测量规范》规定，楼梯间、电梯(观光梯)井、提物井、垃圾道、管道井等均按房屋自然层计算面积。

89.【ABC】《农村土地承包经营权确权登记数据库规范》规定，确权登记数据库需要交换的数据内容包括三种：①地理信息数据，包括基础地理信息要素、农村土地权属要素和栅格数据等；②权属数据，包括发包方、承包方、承包合同、流转合同、承包经营权登记簿、承包经营权证等。③元数据，数据交换时以县级行政区为交换单元，数据文件采用目录方式存储，一个交换单元一个目录。

90.【ACD】三省（自治区、直辖市）边界线只存在唯一交会处时，界桩序号为“0”；交会处不唯一时，则按由西向东或由北向南的顺序用阿拉伯数字从1开始顺编。第八位等级码用“S”表示，故A错，B正确；单立界桩的类型码用“Q”表示，是唯一的，所以D错、C错；同号双立界桩的类型码分别用“A、B”表示，省级码小的为A，大的为B，所以E选项对。同号三立界桩的类型码分别用C、D、E表示。

91.【ABC】相机校检参数文件包括：焦距、主点偏移、畸变参数；而相机检校过程中是光学分辨率，如胶片航摄仪的每毫米线对数和数字航摄仪的像元大小。

92.【AC】若将按地形特征采集的点按一定规则连接成覆盖整个区域且互不重叠的许多三角形，构成一个不规则三角网TIN来表示数字高程模型，则称为三角网DEM或TIN。TIN能较好地顾及地貌特征点、线，表示复杂地形表面比矩形格网更精确。其缺点是数据量较大，数据结构较复杂，因而使用与管理也较复杂。

93.【BCDE】像片控制点布设应满足下列条件：①像片控制点的目标影像应清晰，易于判别。②布设的控制点宜能公用，一般布设在航向及旁向六片或五片重叠范围内。③控制点距像片边缘不应小于1cm或1.5cm，综合法成图的控制点距航向边缘不应小于上述规定的1/2。④控制点距像片的各类标志大于1mm。⑤控制点应选在旁向重叠中线附近，离开方位线的距离应大于3cm或4.5cm；当旁向重叠过大，不能满足要求时，应分别布点；旁向重叠较小使相邻航线的点不能公用时，可分别布点，此时控制范围所裂开的垂直距离一般应小于1cm，困难时不应大于2cm。⑥位于自由图边、待成图边以及其他方法成图的图边控制点，应布设在图廓线外。

94.【BCD】模型连接为内业作业过程中检查，像控点刺点精度为航测外业成果检测，数据大小与航测内业成果质量检查无关。

95.【ABDE】海底地貌的表示可以用水深注记、等深线、分层设色和晕渲等方法来表示。

96.【ACD】系统功能获取及分析常用的方法有结构化分析方法、面向对象分析方法、快速原型化分析方法。

97.【ABCD】GIS系统可行性研究的主要内容有数据源调查与评价、系统支持状况、技术可行性评估、社会经济效益。

98.【BCE】结构化分析方法是采用自顶向下、逐层分解的系统分析方法定义需求。主要使用数据流程图、业务流程图、数据字典等工具表达。面向对象分析方法主要用例图、类图、对象图等工具表达。

99.【ABCD】背景信息至少应包括电子地图所显示范围内的境界、铁路、水系、绿地。建议按地图显示级别显示不同详细程度的要素内容。

100.【ACDE】网络地理信息系统运行维护内容主要有：①系统资源管理；②用户和服务管理；③数据更新与维护；④系统故障管理；⑤系统安全性管理。

参考文献

[1]宁津生，陈俊勇，李德仁，等．测绘学概论[M]．3版．武汉：武汉大学出版社，2016.
[2]孔祥元，郭际明，刘宗泉．大地测量学基础[M]．3版．武汉：武汉大学出版社，2021.
[3]孔祥元，梅是义．控制测量学（上、下册）[M]．4版．武汉：武汉大学出版社，2015.
[4]刘大杰，施一民，过静珺．全球定位系统（GPS）的原理与数据处理[M]．上海：同济大学出版社，1995.
[5]徐绍铨，张华海，杨志强，等．GPS测量原理及应用[M]．4版．武汉：武汉大学出版社，2017.
[6]赵建虎．现代海洋测绘[M]．2版．武汉：武汉大学出版社，2023.
[7]张正禄．工程测量学[M]．3版．武汉：武汉大学出版社，2020.
[8]武汉测绘科技大学编写组．测量学[M]．北京：测绘出版社，1994.
[9]邹进贵，冯永玖，王健，等．数字地形测量学[M]．3版．武汉：武汉大学出版社，2004.
[10]黄声享，尹晖，蒋征．变形监测数据处理[M]．武汉：武汉大学出版社，2010.
[11]侯方国，时东玉，王建设．房产测绘[M]．郑州：黄河水利出版社，2007.
[12]蓝悦明，康雄华．不动产测量与管理[M]．武汉：武汉大学出版社，2008.
[13]吕永江．房产测量规范与房地产测绘技术[M]．北京：中国标准出版社，2001.
[14]刘权．房地产测量[M]．2版．武汉：武汉大学出版社，2008.
[15]詹长根．地籍调查学[M]．4版．武汉：武汉大学出版社，2024.
[16]王春祥，李晓，盛庆伟．航空摄影测量学[M]．郑州：黄河水利出版社，2011.
[17]乔瑞亭，孙和利，李欣．摄影与空中摄影学[M]．武汉：武汉大学出版社，2008.
[18]李德仁，王树根，周月琴．摄影测量与遥感概论[M]．北京：测绘出版社，2008.
[19]王树根．摄影测量原理与应用[M]．武汉：武汉大学出版社，2009.
[20]孙家抦．遥感原理与应用[M]．武汉：武汉大学出版社，2003.
[21]何宗宜，宋鹰，李连营．地图学[M]．2版．武汉：武汉大学出版社，2023.
[22]何宗宜，朱海红，李连营，等．地图设计与编制[M]．武汉：武汉大学出版社，2020.
[23]何宗宜，宋鹰．普通地图编制[M]．武汉：武汉大学出版社，2015.
[24]何宗宜，王树根，欧阳烨，等．测绘综合能力（2024版）[M]．武汉：武汉大学出版社，2024.
[25]祝国瑞．地图学[M]．武汉：武汉大学出版社，2004.
[26]黄仁涛，庞小平，马晨燕．专题地图编制[M]．武汉：武汉大学出版社，2003.

[27]胡鹏，黄杏元，华一新．地理信息系统教程[M]．武汉：武汉大学出版社，2002.
[28]秦昆，卢宾宾，陈江平，等．空间数据分析[M]．3版．武汉：武汉大学出版社，2023.
[29]郑春燕，邱国锋，张正栋，等．地理信息系统原理、应用与工程[M]．武汉：武汉大学出版社，2011.
[30]周学鸣，刘学军．数字地形分析[M]．北京：科学出版社，2006.
[31]陈述彭，鲁学军，周成虎．地理信息系统导论[M]．北京：科学出版社，1998.
[32]邬伦，等．地理信息系统原理、方法和应用[M]．北京：科学出版社，2001.
[33]姚鹤岭．GIS Web 服务研究[M]．郑州：黄河水利出版社，2007.
[34]国家测绘局职业技能鉴定指导中心．测绘综合能力[M]．北京：测绘出版社，2012.